ON
RESPONSIBILITY

论责任

顾红亮◎著

上海人民出版社

目 录

第一章　责任如何成为现代价值

在传统儒家思想中，责任是一个重要的道德观念。它主要被理解为道德责任。儒家的道德责任不仅表现为对父母尽孝，更表现为以天下为己任的使命感，“先天下之忧而忧，后天下之乐而乐”，士大夫的这份责任感和使命感，几乎是与生俱来的，是代表其身份的一个价值符号。

晚清以来，西方的自由意志理论和权利学说进入中国，为近现代学人理解责任观念打开了一个新的视域。相应地，责任观念的内涵发生较大的变化，成为一种现代价值。如何理解这种变化的轨迹？如何理解儒家责任观念的现代价值内涵？

回答这些问题，既可以从近现代中国哲学家和思想家的著作和论文入手，这是很多学人采取的研究方法；也可以从伦理教科书、修身教科书和新闻报刊入手。清末民初，大量修身教科书在出版界和教育界涌现。对这些教科书进行细致研究，可以看到近代中国知识分子的修身思想和责任伦理。

从修身教科书来研究上述话题，提供了一个平实的、新颖的研究责任观念的视角，例如，汪家熔在《民族魂——教科书变迁》中介绍晚清和民国时期的修身教科书的演化概况，[①] 王小静的《清末民初修身思想研究》一书介绍了教科书提及的国民义务内容。[②] 一些论文和著作也谈到修身教科书对于德育、义务思想、公民身份的塑形。[③] 这些研究大多着眼于责任或义务的修身实践，还没有从理论上澄清责任观念在何种意义上成为一个现代价值观念，而不仅仅是一个传统儒家的道德责任观念，传统的责任伦理在何种理论的武装下转化

---

① 参见汪家熔：《民族魂——教科书变迁》，商务印书馆2008年版，第76—100、136—139、152—163页。

② 参见王小静：《清末民初修身思想研究——以修身教科书为中心的考察》，人民出版社2012年版，第160—172页。

③ 参见毕苑：《从“修身”到“公民”：近代教科书中的国民塑形》，《教育学报》2005年第4期；黄兴涛、曾建立：《清末新式学堂的伦理教育与伦理教科书探论——兼论现代伦理学学科在中国的兴起》，《清史研究》2008年第1期；Peter Zarrow，*Educating China：Knowledge，Society，and Textbooks in a Modernizing World*，1902—1937，Cambridge：Cambridge University Press，2015。

为现代的责任价值。这正是我们的关注点。

通过对民国初期修身教科书的研究，可以揭示现代的责任观念是如何在自由意志理论和权利学说的影响下被建构起来的？这个话题主要涉及三个理论问题：

第一个问题：人为什么要为自己的行为负责？是出于良知的警示，还是出于自由意志的抉择？

第二个问题：在现代社会里，作为国民的个人必须承担什么样的主要责任？是道德责任，还是法律义务？这两种责任的内容是什么？

第三个问题：个人在承担责任的同时，是否有要求享有对等的权利？权利与义务之间的关系是对应的吗？

我们试图分别回答上述三个问题。我们研究的教科书以蔡元培的《中学修身教科书》（1912 年）、商务印书馆的《共和国教科书·新修身》（1912 年）、中华书局的《新制中华修身教科书》（1913 年）为代表。

一、为什么负责：良心与自由意志

人为什么要为自己的行为负责？

在传统的儒家学说中，道德良心是答案。良心命令每个人担负起各自的道德责任。西方的自由意志理论被引入后，自由意志被当作一个充分的理由，来解释人为什么要为自己的行为负责：因为人的行为出于自由意志的选择。人们必须对自由选择的行为承担责任。现代社会的惩罚和奖赏制度正是建立在这样的认识之上。基于自由意志论的责任观在一部分中国思想家中被赋予现代价值观的色彩。由此，儒家良心论的解释效力受到了一定的挑战。

对于现代中国的思想家来说，是坚持儒家良心论对于行为责任的解释框架，还是吸收自由意志论的解释框架？这成为一个理论难题。如何化解良心论和自由意志论之间的“争执”？在这一点上，蔡元培的《中学修身教科书》的处理方式颇有代表性。

蔡元培编著《中学修身教科书》，阐发一套现代中国的责任伦理学。[①]“本务”是这套责任伦理学的核心观念，那么，何谓“本务”？蔡元培说：“本务者，人与人相接之道也。”[②]“本务”关涉人与人的交往之道。

---

① 参见顾红亮：《本务与责任——蔡元培的责任伦理思想》，载《哲学门》第13卷（2012年）第1册，北京大学出版社2012年版，第1—12页。

② 蔡元培：《中学修身教科书》，《蔡元培全集》第2卷，浙江教育出版社1997年版，第99页。

蔡元培继续说："本务者，人生本分之所当尽者也，其中有不可为及不可不为之两义，如孝友忠信，不可不为者也；盗窃欺诈，不可为者也。是皆人之本分所当尽者，故谓之本务。"① "本务"与"本分"基本同义，指当做之事或当尽之责，指道德责任。道德本务或道德责任包括两方面：一指不可为之事，即不许做、不准做、不可做的事情，如烧杀抢掠；二指不可不为之事，指应当做的事情，这里包含强制的意思，不是指法律上的强制，而是指道德上的强制，即某人的良心或社会舆论迫使他做某事，如对父母尽孝。

道德责任的源头在哪里？道德责任的产生不是无缘之水。"人之有当为不当为之感情，即所谓本务之观念也。是何由而起乎？曰自良心。"② 良心是道德本务或道德责任的源头。道德责任不仅关联着良心，也关联着道德行为，责任的履行与不履行最终表现为行为上的做与不做。行为上的做与不做、做得好与不好都关联着行为的理想。合乎理想的行为是值得赞赏的。道德理想构成道德责任的标准。

在《中学修身教科书》里，蔡元培认为道德责任或道

---

① 蔡元培：《中学修身教科书》，《蔡元培全集》第 2 卷，浙江教育出版社 1997 年版，第 161 页。

② 同上书，第 162 页。

德本务包含两个含义。第一，道德本务概念内在包含着履行本务的责任，“本务”指那些你应该去做或者不应该去做的道德义务，应该与不应该的表述显示人的道德责任所在。道德本务的本义是要去实行的，不是停留在理论范围内的，因此，道德本务包含责任的践履。第二，当你履行道德本务之后，你应该为相应的后果承担责任，这是指事后应担负的道德责任。

蔡元培举了一个照顾生病室友的例子，说明道德责任的两个含义。例如，当我的室友生病时，照顾室友是我的责任或本务，这是指道德责任的第一个含义。在我的室友生病期间，我对室友的照顾是否尽心，是否得当，是否克尽我的能力，这是指道德责任的第二个含义，指对已经实施的行为及其后果承担责任。

在行动中，个人为什么要为自己的行为承担责任？蔡元培的回答是意志自由。人的行为的选择出于意志自由，我之所以做这件事而不做那件事，是我的意志自由选择的结果，因此，责任主体一定是我，而不是别人。

蔡元培说：“人之行事，何由而必任其责乎？曰：由于意志自由。凡行事之始，或甲或乙，悉任其意志之自择，而别无障碍之者也。夫吾之意志，既选定此事，以为可行而行之，则其责不属于吾而谁属乎？”[1]蔡元培承认意志自由是承担责任的前提或根源。从这个角度出发，蔡元培谈到道德法（道德规范）与自然法（自然规则）的区别，道德法承认意志自由的作用；而在自然领域，自然现象的发生受到因果规则的制约。“一任意志之自由，而初非因果之规则所能约束，是即责任之所由生，而道德法之所以与自然法不同者也。”[2]

蔡元培认为，意志自由是担负道德责任的前提，这里所说的道德责任指的是责任的第二个含义，指事后责任。前面讲道德本务或道德责任起源于良心，这里所说的道德责任指的是责任的第一个含义，指事前责任。

传统儒家很少讲或不讲自由意志，更多讲道德良心与责任的关系。蔡元培继承了传统儒家的良心论和责任观，用良心来解释责任的起源，即是说，我该不该负责地做某事，是出于良心的召唤，但是良心的召唤不直接等于负责任的实践。例如，我体会到良心的召唤，如果我是一个有德性的人，我就会按照良心的命令去做负责任的事情，这是一种可能性。

还有一种可能性是：我可能以现实环境、实际条件为借口，不执行或推诿良心的命令。在得到良心的命令之后，我

①② 蔡元培：《中学修身教科书》，《蔡元培全集》第2卷，浙江教育出版社1997年版，第164页。

有权选择去做或不去做，我的选择出于我的自由意志。一旦我选择去做某事，在我完成该事之后，还有一个我该不该为此事的后果负责的问题。

良心告诉我应该为此事的后果负责，我的自由意志可以选择去为此事的后果负责，也可以选择不对此负责或者选择不那么尽心尽力地负责。所以，自由意志有较大的选择权能，它可以选择照良心的命令去执行，也可以选择不照良心的命令去执行，它可以照良心的命令全心全意地执行，也可以照良心的命令马马虎虎地执行。

在传统儒家的责任观中，良心的命令覆盖一切，几乎没有自由意志的活动空间。在现代中国，蔡元培把自由意志论引进来，在良心和自由意志之间划出一道界线，各自履行相应的功能：良心发出负责任的道德命令，是道德责任的起源；自由意志有选择的权能，选择是否执行良心的命令，选择是否承担相应的责任。

可见，蔡元培在《中学修身教科书》中做出的理论贡献是把西方的自由意志理论引入中国的道德理论，试图在道德良心、责任理论中给予自由意志以一定的位置，自由意志注入责任观念之中，使自由意志论与儒家的良心论衔接起来，又有一定的职能分工，这些看法丰富了儒家的责任伦理思想。

二、负何种责任：道德责任与法律义务

前面从良心论和自由意志论的角度回答人为什么要为自己的行为负责？宽泛地说，这个问题可以有伦理的回答，就像蔡元培所做的，为责任的现代价值作伦理的辩护；也可以有法律的回答，为责任的现代价值作法律的辩护。

从法律的角度看，人要为自己的行为负责是出于维护社会秩序和国家秩序的需要，法律对人的行为和社会秩序作出种种规定。在现代中国，个人在为自己的行为负责的同时也是在为独立而富强的国家、为自由而繁荣的社会负责，从这个意义上说，个人为自己的行为负责实际上是在塑造一种国民认同，培育一种现代国家观念影响下的国民身份。这种责任更多带有法律和政治的意义，而不同于道德责任。

在现代中国，人们更应负什么样的责任？道德责任优先还是法律义务优先？两者的异同点在哪里？

道德责任和法律义务的区分，在民国初期修身教科书中已经有较多讨论。古代中国也讲法律义务，按照瞿同祖“以礼入法”的观点，法律受儒家纲常礼教支配，有被伦理化、被儒家化的倾向。瞿同祖说：“儒者为官既有司法的责任，于

是他常于法律条文之外，更取决于儒家的思想。”[1]古代中国思想家所说的法律义务有强烈的道德色彩，现代的法律义务则与道德责任有明确的界线。现代的法律义务观的确立，进一步凸显责任的现代价值。

在《中学修身教科书》中，蔡元培谈到法律义务与道德责任的区别和共同点。他说：“我不欲人侵我之权利，则我亦慎勿侵人之权利，斯己所不欲勿施于人之义也。我而穷也，常望人之救之，我知某事之有益于社会，即有益于我，而力或弗能举也，则望人之举之，则吾必尽吾力所能及，以救穷人而图公益，斯己欲立而立人欲达而达人之义也。二者，皆道德上之本务，而前者有兼为法律上之本务。”[2]蔡元培用儒家的术语“己所不欲勿施于人”同时表达道德责任和法律义务两层含义，又用“己欲立而立人欲达而达人”表达道德责任。这样，道德责任有两类，“己所不欲勿施于人”表示消极的道德责任，“己欲立而立人欲达而达人”表示积极的道德责任。

“己所不欲勿施于人”既指道德责任，又指法律义务，点

---

① 瞿同祖：《瞿同祖法学论著集》，中国政法大学出版社 2004 年版，第 365 页。

② 蔡元培：《中学修身教科书》，《蔡元培全集》第 2 卷，浙江教育出版社 1997 年版，第 118 页。

出了两者的共同点。那么，道德责任和法律义务有什么区别呢？蔡元培说："本务者，无时可懈者也。法律所定之义务，人之负责任于他人若社会者，得以他人若社会之意见而解免之。道德之本务，则与吾身为形影之比附，无自而解免之也。"① 无论如何，道德责任都不能免除。即使别人原谅我的行为，但是我的良心仍然会发出自责的要求。法律义务与此不同，可以因他人的意见而得以免除。如果他人不追究我的法律义务，例如，撤销对我的诉讼，那么我就不用承担法律义务。

关于道德责任和法律义务的区别，另一位思想家杜亚泉比蔡元培讲得更加明确。杜亚泉在高级中学教科书《人生哲学》(商务印书馆 1929 年）中讲了三个主要区别。

第一个区别，惩罚方式不同。"法律上的义务和伦理上的本务，其最著的差别，即违反法律上的义务时，有国家的或国际的公权，从外部加以制裁，责其履行，或加以惩罚；若违反道德上的本务时，只有内部良心的制裁，或伴以社会的非难。"② 违反法律义务和道德责任所受的惩罚是不同的，前者

---

① 蔡元培：《中学修身教科书》,《蔡元培全集》第 2 卷，浙江教育出版社 1997 年版，第 162 页。

② 杜亚泉：《杜亚泉著作两种》，新星出版社 2007 年版，第 157—158 页。

受外部的制裁，后者受内部的惩罚。

第二个区别，对待动机的态度不同。“法律上的义务，只以现于外部的行为为止，内部的动机如何，置诸不问。道德上的本务，不仅以外部行为为止，内部的动机，尤为重要。”①法律义务看重外在的行为，道德责任看重内在的动机。

第三个区别，规范的表达方式不同。法律义务大多是有明文规定的，即使是不成文法律，也有明确的说明。道德责任与一个社会的传统和习俗相关，常常没有明确的规定。

杜亚泉和蔡元培是以思想家的眼光而不是以法学家的眼光来看待法律义务和道德责任的差别，这在一定程度上说明法律义务和道德责任的关系问题已经成为当时很多知识分子的共同关注对象。

从商务印书馆和中华书局的修身教科书所教授的课程内容来看，大部分内容是关于道德责任的，有少部分内容是关于法律义务的。有的课程内容标以“国民义务”，实际上讲的是法律义务或法律规定的国民义务。

商务印书馆《共和国教科书·高小部分·新修身》(以下简称《新修身》)第六册中的第十八课，讲的是“国民义务”。

① 杜亚泉:《杜亚泉著作两种》，新星出版社 2007 年版，第 158 页。

该课列举现代国民应该担当的四种义务：即守法、服兵役、纳税、教育。

第一，国民有守法的义务。《新修身》指出："法律者，保护人民之生命、财产、名誉者也。一国之中，必人人无凌杂侵欺之事，而后可以乐业遂生。"① 这是强调法律维护社会秩序的作用。《共和国教科书·高小部分·新修身教授法》纠正人们对于法律与自由的误解，以为提倡自由，就可以蔑视法律。其实，"真实之自由，根据于法律。若无法律，是放肆也，是扰乱也，非自由也"。② 守法是对自由权的尊重；不守法，是对自由权的践踏。守法的义务具有积极的含义，即对自由价值的高扬。

第二，国民有服兵役的义务。《新修身》说："保护国家，防御外寇，亦国民应尽之天职。"③ "天职"一词凸显了服兵役义务的神圣性。

第三，国民有纳税的义务。《新修身》说："人民既享安宁之福，应出赋税以供国用。唯国体共和，人民有监督财政之

---

①③　包公毅、沈颐编撰：《共和国教科书·高小部分·新修身》第6册，新星出版社2011年版，第13页。

②　庄庆祥编撰：《共和国教科书·高小部分·新修身教授法》，新星出版社2011年版，第221页。

权，政府不能滥用也。”[①]《新修身》教材点出了纳税人的义务与权利的统一性，国民有缴纳税收、充实国库的义务，也有监督政府合理使用税款的权利。商务印书馆《共和国教科书·高小部分·新修身教授法》直接点明“纳税为人民第一义务”。

第四，国民有教育的义务。《新修身》突出了教育在国民身份塑造过程中扮演的重要作用：“民智、民德，恃教育而发达。国家盛衰之原，实由于此。故为国民者，不论贫富贵贱，均当受义务教育。父母之教育其子女，实为对于国家当然之义务。”[②]《新修身》所说的教育义务包括两层意思，第一指所有国民都有义务接受教育，这是“国家盛衰之原”；第二指父母有教育子女的义务。

商务印书馆的《新修身》教材简述国民的四种义务，中华书局的《新制春季始业中华修身教科书》也作了同样的规定，[③]它们都属于法定义务。把国民的法律义务放在修身教科书里，体现了传统儒家的道德教化的思路。《新修身》教科书带有道德训练的目的。其编辑大意说：“自共和民国成立以

①② 包公毅、沈颐编撰：《共和国教科书·高小部分·新修身》第6册，新星出版社2011年版，第14页。

③ 参见戴克敦、沈颐、陆费逵编：《新制春季始业中华修身教科书》(高等小学校用）第4册，中华书局1913年版，第11页。

来，今日之所首宜注重者，尤汲汲于民德之增进。盖国者，集人民而成者也，人人品行正，风俗美，道德智识日益进步，则国之强盛又奚待言。”① 教科书的作者把道德的规训和国家的强盛联系起来，“一国之强弱，视人民之德行”，② 道德训练被纳入强国话语结构。

《新修身》在介绍“国民义务”之后，紧接着介绍“人权”。教科书的这个编排说明一个现代国民必须具有相应的权利和义务意识。该教科书对人权的界定是：“人权者，人人所自有，而非他人所能侵损者也。”③ 权利为人人自有，说明权利的天赋性；权利非他人所能侵损，说明权利受法律的保护。

《新修身》指出，人的权利分两类。

一是对于公众的权利。“组织社会，参预政治，选举议员，举吾学识之所及，皆得发布于外。以求有益于人类。此人权之对于公众者。”④ 这是强调国民参与公共事务的权利。

二是属于个人的权利。“信教自由，营业自由，生命自

---

① 包公毅、沈颐编撰：《共和国教科书·高小部分·新修身》第1册“编辑大意”，新星出版社2011年版。

② 包公毅、沈颐编撰：《共和国教科书·高小部分·新修身》第6册，新星出版社2011年版，第16页。

③④ 同上书，第14页。

由，财产自由，意志所在，即权力所在，非他人所得干涉，此人权之属于个人者。”① 这话突出普通国民享有的种种自由权利。

中华书局的修身教科书作出更细的规定，指出人的权利有十种，分别为：“人民一律平等，一也。言论出版集会结社一切自由，二也。通信自由，不得侵其秘密，三也。自由信教，四也。自由居住迁徙，五也。自由营业并保有财产，六也。自由保有身家，非依法律不得逮捕搜索，七也。有诉讼法庭及陈请议会之权，八也。得任官吏，九也。得投票选举及被选举，十也。”② 这个权利清单刻画出现代国民是权利的享受者。

以上列举的现代国民义务和权利内容，只是商务印书馆《新修身》中两个课程所授的知识。《新修身》共分六册，通篇讲的是道德责任，兼及法律义务。该教材第一册第一课就点明义务、道德和世界发展的关系。“世界日益进化，物质之文明愈发达，则道德之关系愈重大。故人生世界中，对于己，

① 包公毅、沈颐编撰:《共和国教科书·高小部分·新修身》第6册，新星出版社 2011 年版，第 14—15 页。

② 戴克敦、沈颐、陆费逵编:《新制中华高等小学修身教科书》第3册，中华书局 1913 年版，第 9 页。

对于人，对于家，对于国，对于世界，对于万物，均有应尽之义务。”① 个人生活的道德世界，是道德责任编织成的世界。

《新修身》教科书不仅普及更新道德责任知识，而且普及国民的法律义务和权利知识。修身教科书在一定意义上强化现代国民的身份认同，强化国民对于国家和个人的责任意识。但是，这种身份认同和责任意识被放置在修身教科书的课程之中，被纳入现代儒者的素质框架之中，成为强化国民的儒者教养的重要方面。

商务印书馆和中华书局的修身教科书都提到法律的权利和义务，都提到道德责任，人们自然会追问，在权利上，除了法律权利外，道德层面是否也有权利一说？对于这个问题，蔡元培的回答是肯定的。他在《中学修身教科书》中谈到法律权利和道德权利的区别。“盖权利之属，本乎法律者，为其人所享之利益，得以法律保护之，其属于道德者，则唯见其反抗之力，即不尽本务之时，受良心之呵责是也。”② 如果个人没有尽到道德责任，良心会发出谴责，使人深感羞耻或愧疚，

① 包公毅、沈颐编撰：《共和国教科书 · 高小部分 · 新修身》第 1 册，新星出版社 2011 年版，第 1—2 页。

② 蔡元培：《中学修身教科书》，《蔡元培全集》第 2 卷，浙江教育出版社 1997 年版，第 162 页。

这是道德权利的作用。道德权利和法律权利有很大的不同，后者指根据法律规定人所享有的正当的利益，而前者指良心规定的人所享有的德性，它可以起一种警示和督促的作用。

三、权利与义务对等吗

前面讨论到道德责任和法律义务的区分以及修身教科书对于权利、义务的具体规定，没有讨论权利与义务之间的关系。人们不禁要问：权利与义务是对等的吗？

在权利与义务的关系问题上，民国初期修身教科书的态度有点模糊，两种观点并存，一种观点视权利与义务为对等关系，另一种观点视权利与义务为不对等关系。

在《中学修身教科书》里，蔡元培持第一种观点，认为权利和义务是对等的。“凡有权利，则必有与之相当之义务。而有义务，则亦必有与之相当之权利，二者相因，不可偏废。我有行一事保一物之权利，则彼即有不得妨我一事夺我一物之义务，此国家与私人之所同也。”[①] 无论国家还是个人，都享

① 蔡元培：《中学修身教科书》，《蔡元培全集》第2卷，浙江教育出版社1997年版，第133页。

有一定的权利，须履行相当的义务。这个观点是在《中学修身教科书》第四章“国家”的总论中提出来的，此处的权利和义务主要指政治和法律的权利和义务。

商务印书馆的《共和国教科书·初小部分·新修身》也把权利和义务看作是对等的。在“平等”一课中，修身教科书说：“凡权利、义务，一切以法律为断，不相侵犯。此之谓真平等。”① 该教科书的“教授法”进一步论证权利与义务的对等性，指出：“人民尽何等义务，即有何等权利。如我所有物，我有自由使用之权利，即他人于我所有物，有不可侵犯之义务。……权利者，法律特定之可能力，义务者，法律特定之羁束力，初不以贫富贵贱为区分。”② “教授法”在法律层面上界定权利和义务，认为二者是平等的。

中华书局的《新制中华高等小学修身教科书》也表达了类似的观点。“至于纳税、当兵、服从法律，又为人民应尽之义务。盖权利与义务，互为比例。不尽义务，不能享权利也。”③

① 沈颐、戴克敦编撰：《共和国教科书·初小部分·新修身》第8册，新星出版社2011年版，第10页。

② 包公毅、沈颐编撰：《共和国教科书·初小部分·新修身教授法》第4册，新星出版社2011年版，第247—248页。

③ 戴克敦、沈颐、陆费逵编：《新制中华高等小学修身教科书》第3册，中华书局1913年版，第9页。

这里的“互为比例”一说，突出权利与义务相对应的意思。周日济的《讲习适用修身教科书》(中华书局，1913年)和贾丰臻的《新体修身讲义》(商务印书馆，1918年)都表达了权利与义务相待而成之义。

我还发现，修身教科书在处理权利与义务的关系上，存在一定的暧昧性，并不是所有的教科书或教授书把权利和义务看作是对等的。中华书局的修身教科书里讲权利与义务“互为比例”，但是在《新制中华高等小学修身教授书》里，观点出现偏差，认为权利与义务是不对等的。《新制中华高等小学修身教授书》说：“权利因义务而生。享权利而不尽义务，则国家危败；凡有权利，均不可保。慎勿谓既有权利，即可不尽义务也。”① “权利因义务而生”这句话表明：由义务衍生出权利，义务在先，权利在后，义务是权利的来源，权利是义务的产物。

罗家伦在《新人生观》一书中，也谈到这个观点：尽责先于权利享受。他的理由是：“权利是责任的产物，不是凭自己的欲望去要求的，更不是坐享其成可以得到的。我们现在

---

① 缪徵麟、吴廷璜编：《新制中华高等小学修身教授书》第3册，中华书局1913年版，第17页。

所享的权利，就是旁人已尽责任的结果。”① 权利不是天赋的，而是人类背负责任不断奋斗得来的。“我”所享受的权利正是他者尽责任的结果。

蔡元培在一篇文章中谈到类似的观点，权利和义务并不对应，有先后之分。“盖人类上有究竟之义务，所以克尽义务者，是谓权利；或受外界之阻力，而使不克尽其义务，是谓权利之丧失。是权利由义务而生，并非对待关系。而人类所最需要者，即在克尽其种种责任之能力，盖无可疑。”② 权利由义务生发出来，只有主体先尽了义务，才会有权利享受。相比之下，义务或责任具有基础性的地位。教育的任务之一是培养学生履行义务或责任的能力。此处所说的权利和义务指道德权利和道德义务。在道德领域，尽义务尽责任具有优先性；在法律和政治领域，权利和义务是对等的和连带的，没有一方具有优先性。

所以，概括地说，权利和义务既相对应，又不相对应。说两者相对应，是基于法律的视角；说两者不相对应，是基于道德的视角。

---

① 罗家伦：《新人生观》，《新人生观 · 鸭池十讲》，辽宁教育出版社 1997 年版，第 89 页。

② 蔡元培：《全国临时教育会议开会词》，《蔡元培全集》第 2 卷，浙江教育出版社 1997 年版，第 178 页。

四、开启现代中国责任价值体系的构筑历程

通过阅读民国初期的修身教科书，人们大致可以了解在民国初期，道德责任、法律义务、权利与义务观念以何种理论面貌进入国民教育课程体系，如何在国民教育的普及教材中得到呈现。总的来说，民国初期的修身教科书给我们呈现的是有现代价值内涵的责任观念，超越了传统儒家的道德责任观念。

第一，不少研究者指出，修身教科书在文本上培育现代国民观念。[①]这个判断有一定的道理。商务印书馆的修身教科书的编辑大意里说："务取国民教育之本旨，为养成伟大国民之基"。现代的国民认同被纳入修身教科书编撰者的视野中。通过修身教科书的普及，希望着力培养有较高道德修养的现代国民。这种国民已经与传统的臣民有很大的区别。

但是，修身教科书提倡的内容大多是关乎道德责任的，修身教科书规定具体的行为规范，这些行为规范可以作为道德责任来领受。尽管其内容已经和传统的伦常礼教有较大的

---

① 参见王小静：《清末民初修身思想研究——以修身教科书为中心的考察》，人民出版社 2012 年版，第 189 页。

改变，被注入现代道德要求和伦理规范，但是修身教科书编写的思路仍然沿袭古代儒家道德教化的传统。“一国之强弱，视人民之德行”，“盖世界者，为道德所维系之世界也”[①]，这些儒者的道德观念依然在现代国民的心中根深蒂固，修身齐家治国平天下的儒家理路没有发生实质性的改变。修身教科书的道德意味并未随着儒家思想在近代所遭受的批判而消退。

在某种意义上，与其说民国初期的修身教科书是在建构现代国民身份，不如说是在塑造现代的儒者。现代儒者与传统儒者的一个主要差别在于前者把国民认同和公民认同化为儒者的内在意识。1922年教育部颁布《新学制课程标准》，修身科被取消，社会科和公民科取而代之。社会教科书和公民教科书的出现，突破儒者修身的观念，宣扬社会公民观念，此后，儒者身份认同在教科书中被遮蔽起来。

第二，一些研究者对民国初期修身教科书中的责任观念未予以足够的重视，也没有系统梳理现代责任观的新内涵。但是，仔细研究民国初期修身教科书的内容，可以发现教科书提供了一套新的现代责任观念框架。在道德责任观念框架之内，修身教科书把自由意志论和良心论结合起来，为道德责

① 包公毅、沈颐编撰：《共和国教科书·高小部分·新修身》第1册，新星出版社2011年版，第1—2页；第6册，第16页。

任的承担提供更合理的论证；在道德责任观念之外，接纳法律义务观念，使儒家的责任观念发生了现代的转化。

民国初期的修身教科书使我们认识到，它虽然教给人们的是一套观念形态的责任规范体系，但是它传达的潜台词是把现代中国人塑造成为一个有责任心的人，一个有责任感的儒者。修身教科书和其他的一些思想史文本把责任看成现代中国人的主要价值原则之一，认为责任构成现代中国思想世界的主要内容和前提。① 在当下的学术界，责任价值远未得到应有的重视。

第三，很多学者在法律层面解读权利与义务，把权利和义务的关系看作是对等的。② 其实，在民国初期的修身教科书里，权利与义务的关系不仅可以在法律层面得到理解，也可以在伦理层面得到理解，把道德责任看作是优先于道德权利的，享受道德权利是尽道德责任的结果。尽管民国初期修身教科书对权利与义务之间关系的两种处理方式，给读者带来理解上的复杂性，但是，这多少丰富了我们对现代责任观念

① 参见顾红亮：《现代中国思想前提与责任观》，《浙江学刊》2010 年第 6 期。

② 参见王小静：《清末民初修身思想研究——以修身教科书为中心的考察》，人民出版社 2012 年版，第 160 页。

的理解和对权利与义务之辨的认识，使法律权利与法律义务、道德权利与道德责任之间的界限更为清晰。

这也引发我们从更多角度讨论道德权利与道德责任的多种组合。例如，就“我尽责任”而言，至少有四种不同的组合：（1）我尽责任，我享权利；（2）我尽责任，他人享权利；（3）我尽责任，我不享权利；（4）我尽责任，他人不享权利。就“我不尽责任”而言，也有四种可能组合：（1）我不尽责任，我享权利；（2）我不尽责任，他人享权利；（3）我不尽责任，我不享权利；（4）我不尽责任，他人不享权利。民国初期的修身教科书没有讨论这些组合关系，它对责任的认知足以启发我们更细致地辨析权利与义务的关系。

在一定意义上，民国初期的修身教科书开启现代中国责任价值体系的构筑历程。它们在理论上初步澄清了道德责任与自由意志的关系、道德责任与法律义务的关系、权利与义务的关系，为现代的儒者身份的建构提供了相应的知识与思想的保障。①

① 本章的相关内容，可参见顾红亮：《民初修身教科书中的责任认知》，《华东师范大学学报》（哲社版）2013 年第 5 期。

第二章　责任何时呈现焦虑症状

一、责任焦虑话语的电影视角

随着中国综合国力的强盛，如何建设一个负责任大国的呼声越来越强。在毒牛奶、毒奶粉事件之后，企业的社会责任成为街头热议的话题。中国社会科学院企业社会责任研究中心和证券时报中国上市公司社会责任研究中心联合发布《中国上市公司社会责任信息披露研究报告 2011》，指出中国上市公司社会责任报告八成不合格。在政府管理制度上，官员的问责制开始发挥作用，责任政府建设也提上议事日程。气候变化问题上，共同但有区别的责任原则成为国际社会的共识。最近几年来，随着上述事件的渐次展开，责任话题引起大众和学术界的共同关注。[1]

当代中国的责任伦理和责任价值体系还在建构之中，其思想资源既有来自马克思主义的伦理学，也有来自传统儒家的道德责任思想和忧患意识，又有来自西方的责任思想，包括来自政治哲学中的与权利相联的责任思想，包括来自伦理学中的与意志自由相联的责任思想。

在学术界，一些知识分子已经有所行动，积极探索责任伦理体系。例如，一些学者参与制定和讨论《人类责任宪章》。2005 年，东北师范大学召开“亚洲文明与《人类责任宪章》研讨会”，编辑出版《当代文明的困惑与追求：解读〈人类责任宪章〉》。该宪章强调人类共同的责任，并对人之责任作出三方面的界定：“鉴于人类行为可能造成的后果和各社会之间的日益加强的相互依赖性，对责任作出广义的界定是重要的。这包括三个维度：对我们的行为造成的直接的和间接的后果承担责任；和其他人联合起来摆脱无能为力感；承认我们的责任与我们每一个人所拥有的知识与权力成

① 2001 年到 2009 年间国内学术界发表的有关责任观研究的部分文章结集出版，参见赵轶峰主编：《当代中国思想探索中的“责任”观》，东北师范大学出版社 2010 年版。

正比。”①

《人类责任宪章》着眼于全球面临的困境，试图唤醒人类的责任意识。回到国内，当代中国人的责任意识究竟如何呢？

让我们来看看关于中国青少年的责任意识的一项调查。上海师范大学教育心理学系李丹教授主持的一项调查发现，中小学生对于社会责任感的原则取向认同并未随着年龄的增长而提高。从小学二年级、四年级到六年级，这一比例有较大的上升；到了初二阶段，则有明显的下降。出于关爱他人而愿意付出责任心的选择，在低年级时超过20%，六年级时超过30%，但到初二时，下降为19.3%，这说明高年级学生相对于小学生而言，更少考虑他人的需求。② 这个调查结论让人担忧。虽然高年级学生的责任意识有所弱化，但是成年人对责任的期望较高，把责任视作人的基本美德之一。

2010年3月24日，《中国青年报》刊登了一位父亲的文章，文中说：“我忽然对今天孩子们迷茫的人生目标深感不安。人的一生仅仅萎缩到个人生活，这是一种学问道德的

① 参见赵轶峰、于硕主编：《当代文明的困惑与追求：解读〈人类责任宪章〉》，团结出版社2005年版。

② 参见姜澎：《过度教养导致责任心的缺失》，《文汇报》2009年7月13日。

退化还是社会某种东西的丧失？还是孩子本身精神发育的不良？信念的失血无力？人的一生仅仅围绕了个人不免狭隘，这不该是一个研究生的人生目标。……交流时，当问到孩子为什么对国家对社会那么冷淡，孩子的话叫我无言以对：你看过《蜗居》吗？那里面的人一辈子最大的理想是什么？就是挣一套可以安放自己的房子啊，仅仅是一套房子聚敛了一生的奋斗努力，还有什么心思去想什么社会国家。我们这一辈多看重责任二字，在责任中，首要的是对国家对民族的责任。或许这样的教育在今天看来太假太空，与追求个人成功，强调个人发展的现实的价值观反差太大，那么体现个人对社会对国家对家人的起码关怀总还是应该的吧？当一个国家群体性丧失了理想，这个国家发展会是怎样呢？”[①]这位父亲的提问发人深省。

在一份关于当代中国人的伦理道德状况的调查研究中，研究者发现成年人对“责任”这一德目的认同度为69.4%，其他得到较高认同的德目分别为：爱78.2%，诚信72%，正义52%，宽容47.8%。[②]遗憾的是，人们对责任的认同并没有很

① 《一位父亲对于“责任”的忧虑》，《报刊文摘》2010年3月29日。

② 参见《我国伦理道德进入转换关键期》，《社会科学报》2010年4月22日。

好地转化为责任的实践。还有许多价值观研究也印证类似的看法。有学者甚至提出现在中国价值观问题在于“八无”与“四荒”，即无知、无能、无情、无义、无道、无德、无耻、无赖和荒唐、荒诞、荒谬、荒芜。[①]这个说法有点夸张。这里虽然没有提到无责任心，但是从这些问题中推论出这一点，应该不是一件难事。这些忧虑责任问题的症状可称为责任焦虑症。

学术界对责任问题和责任焦虑症的论述引人深思，电影作为大众文化的文本也在这方面有自己的视角，引发观众的思考。电影的创作和学术的研究（如思想史研究）一样，都参与当代中国社会关于责任焦虑症的讨论。不仅如此，电影的叙事伦理视角还可以补充和丰富学术界的责任话语论述。如果说“电影本质上是一种文化实践活动，浸透着生产时代背景中的各种社会状况”，[②]那么，我们理解社会现实，可以有电影的角度，也可以有其他学术研究的角度，二者有可能是互补的。

---

① 参见周孝正：《中国的价值观出了大问题》，载潘维、玛雅主编：《聚焦当代中国价值观》，三联书店 2008 年版，第 85 页。

② 傅葆石：《双城故事：中国早期电影的文化政治》，刘辉译，北京大学出版社 2008 年版，第 22 页。

在此，以冯小刚的两部电影《手机》和《天下无贼》作为案例，探究当代中国电影如何提出责任问题，如何向观众呈现责任话题。由于责任议题涉及范围广泛，包括法律责任、道德责任、技术责任、责任伦理等，这里只讨论个人的道德责任或责任心问题。

电影《手机》(2004年)和《天下无贼》(2005年)是冯小刚贺岁片系列中的两部大片，当年都曾创造辉煌的票房业绩，观众反响热烈。2010年5月，电影版《手机》被翻拍成同名电视剧在国内播放，足见其影响之大。

观众对《手机》和《天下无贼》这两部电影看法不一，既有好评，还有批评。这里举几个例子。

香港演员任达华在接受记者采访时表示，在中国内地的电影中，他最喜欢冯小刚的《手机》，理由是因为它“在生活的点滴记录中，表现出了人的社会背景，人与人之间的关系”。①

有的评论者说：“《手机》如同一把锥子，不仅触及了当下社会道德层面的隐痛，而且撩开了一直蒙在文明和知识等同于道德完善的那层面纱。它真的不同于冯小刚以前的单纯

① 《任达华：爱演戏不爱表演，内地电影最爱〈手机〉》，http://ent.sina.com.cn/m/f/2010-02-25/11332881829.shtml。

搞笑和胳肢人，而是有了一些反省和批判现实主义的底蕴。”①

有学者指出，电影《天下无贼》在“娱乐元素的设置与人文意蕴的深藏之间”自如游走，是一部“好电影”。②

有评论者说，《天下无贼》的情感表述最成功，制作稍显粗糙，整合力尚需改进。③

我不想直接评价这两部电影的好坏和电影的创作意图，而想从个人责任心的角度分析这两部电影的叙事伦理意义。

对于冯小刚的电影《手机》，很多评论集中在高新技术带来的哲学问题和手机对日常生活的影响。有文章指出：“《手机》的另一个深刻之处，就是对越来越发达的技术理性的批判。严守一和费墨的生活悲剧在很大程度上应归之于技术的非理性发展的悲剧。”④

导演冯小刚自己也表达过类似的想法。“手机深入人们

---

① 金龙晟编著：《票房大腕冯小刚》，中国广播电视出版社 2005 年版，第 36 页。

② 朱洁：《20 世纪 90 年代以来的中国电影》，中国电影出版社 2007 年版，第 177 页。

③ 参见金龙晟编著：《票房大腕冯小刚》，中国广播电视出版社 2005 年版，第 8—10 页。

④ 杨晓林：《〈手机〉：冯小刚式的真诚与残酷》，《当代文坛》2004 年第 5 期。

的生活后，反过来对我们的生活也有很多干预，我拍《手机》这个电影时就想着手机像个手雷。很多东西都是这样，你赋予它生命，它反过来会控制你。高科技的进步，革命性的开拓，难免与传统文化产生冲突，我们左右不了它，只能直面这个现实。”①这表明手机的功能在生活中发生了“异化”，手机反过来成为一种控制人的力量。

电影《手机》对手机的技术本性和手机的交流功能的描绘给人印象深刻。不过，我认为，电影《手机》的叙事要点之一不在手机，而在手机的使用者。它通过手机这个沟通工具，透视当代一部分中国人的心灵世界，即责任心迷失的困境。

关于电影《天下无贼》，冯小刚谈道：“我从来没拍过动作戏，新片（指《天下无贼》——引者注）有爱情，有良心发现，有恶的成分，也有生活中的正义，但结局也不是大团圆。《天下无贼》是我在抒发一个梦想，一个理想主义的作品。是两个贼失去了理想家园，但在一列火车上又找到了自己的本性。”②

---

① 《手机尝甜头，冯小刚坚持“以小见大”》，http://fanhall.com/news/entry/5945.html。

② 《导演解读》，载 http://6.cn/profile/playlist.php?p=214399。

《天下无贼》表述了理想主义和人的本性，给责任心迷失的困境提示了可能的解题思路。在这一点上，它和《手机》揭示的责任心话题具有某种连续性和逻辑性。也就是说，《手机》描绘了责任心困境的状况，《天下无贼》描绘了脱离责任心困境的可能性，因此，把这两部电影放在一起讨论，可以较清晰地展现冯小刚电影如何以自己的方式参与当代中国责任伦理话语的建构。

二、责任心的迷失

一些人把对电影《手机》的评论焦点放在手机上，尤其放在手机对当代人的日常生活的影响上。让我们看看冯小刚自己的叙述。冯小刚在谈起这部电影的创作过程时有过一段直接的描述："那天工作室的人都在，都想听刘老师（指刘震云——引者注）的高见，但在刘老师说这番话的时候，每个人都不停地在接打手机。他们打手机时，刘老师就停下话头，等着他们，等完张三等李四。有的人手机接得很坦然，通话言简意赅，也没有什么可避人的；有的人则一接手机，马上显得鬼鬼祟祟，不是支支吾吾，就是起身支应着往没人的地方躲。我和刘老师的兴奋点不知不觉转移到他们的身上，对每个人接手机的心态逐个分析猜测，试图揭出那些藏在手机里的无穷秘密。后来全体人都加入了我们的讨论，纷纷道出自己手机里的种种隐秘，以及藏在这些秘密背后的更大秘密。真可谓险象环生，惊心动魄。”①

由这段叙述可见，冯小刚起初拍摄这部电影是想揭示手机的秘密，关注点在手机上面，这个看法和许多影评是一致的。我认为，手机的秘密是这部电影表面上的主题，如果只注意这个主题，就容易掩盖这部电影的另外一个更重要的主题，即一部分手机使用者（成功人士）的生存困境。

随着中国经济的连续增长和改革开放政策的持续推进，一批批成功人士在各行各业涌现。电影《手机》的主角之一严守一是当代中国成功人士的一个符号，他的生活方式代表了当代中国社会中一部分成功人士的生存状况。他们受过良好的教育，有自己的事业，有名有钱，有车有房，常常被视为社会的精英和栋梁。

有学者对成功人士作了如下描述：“对于胜者的一个最为冠冕堂皇的称号，就是‘成功者’，或者叫做‘成功人士’。

---

① 冯小刚：《我把青春献给你》，长江文艺出版社 2010 年版，第 173—174 页。

‘成功人士的标志’在相当一段时间里，成为出现频率最高的广告词。铺天盖地的广告所定下的成功人士的标准，就是香车、豪宅、各式各样的奢侈品。于是大款，大腕，大官，大牌，就成为全社会仰慕或者妒忌的对象。”①

在这个阶层中，不少成功人士遭遇了许多生存困境。例如，有的人有家庭，也有情人；他们有一定的道德理想，但常常做出不负责任的、有悖于道德理想的行为。他们的生存状态呈现出两面性：既担负一定的责任，又在某些时候某些方面不太负责任。严守一是这个成功人士阶层的代表。我把电影《手机》刻画的当代中国部分成功人士的生存困境概括为“严守一现象”。

成功人士的生存困境究竟是一种怎样的困境呢？电影《手机》如何通过严守一这个主角来展现成功人士的生存困境？要解答这些问题，需要回到“严守一”这个名字的含义和他的生活方式。

电影主角“严守一”这个名字是很有意蕴的，透露了这部电影主题的秘密。

“严”是姓，如果把“严”字当作形容词来看，在中文

---

① 赵修义：《让公平正义的阳光普照中国大地！》，《社会科学报》2010年3月18日。

里，它有严格的、严肃的、严厉的意思。

“守”可作动词解，它的意思是指守卫、守护、把守、守候。“守”的一个基本的含义是指有责任地守护。

“一”可指始基性的、终极性的、一以贯之的东西，如道、原理、原则、人生之道等。

这样，“严守一”的意思可指严格地守护终极之道。这种守护可以解读为负责任地实践，为终极之道担负责任，因此，“严守一”这个名字蕴含着强烈的责任关怀和担当意识。

从电影《手机》的叙事来看，这终极之道指什么？指的是人生之道，指的是严守一信奉的人生之道。对于严守一来说，守护人生之道是一个高远的理想。在守护理想的征途中，做一个有责任心的人。在电影《手机》里，成名之后的严守一并没有真正实现这个理想，在很多时候，他的行为完全背离这个理想，进入责任心迷失的状态。我把这样一种既坚持负责任的人生理想、又迷失责任心的生存状态概括为当代成功人士的生存困境。这是“严守一现象”的主要内涵。

电影《手机》是如何描写严守一之类成功人士的生存困境的？它主要在三个领域展开，即是说，这部电影在三个领域塑造严守一的“两面性”形象。

（一）手机世界里与手机世界外的“严守一”

严守一的形象首先出现在手机世界里。

手机是这部电影的最主要道具，电影里所有的故事都与手机相关，手机的出现创造了两个不同的世界，即手机世界和手机世界外的世界。

当代人之间进行沟通的主要方式之一是使用手机，人们用手机随时随地进行通话、上网、收发短信和邮件。作为著名电视主持人的严守一生活在手机世界里，他的许多故事围绕着手机展开。手机带给严守一的不仅仅是便捷和高效，不仅仅是快乐和愉悦，还带来烦恼和麻烦。

手机对严守一呈现出辩证的效应。一方面，严守一借助手机隐藏自己的秘密。他拿起手机很多时候在撒谎。他在电视台开会，却对着手机说我不在台里。他不在开会，却对着手机说我在开会。撒谎和言不由衷成为他的手机世界的一部分。

另一方面，他的手机又以不同的方式暴露他的秘密。武月的短信“睡觉时别脱内衣”让严守一的妻子于文鹃知道了他的婚外情，武月的另一个图片短信在沈雪面前暴露了严守一与武月的亲密关系。费墨对严守一等人说：“手机连着你的嘴，嘴巴连着你的心，你拿起手机来就言不由衷啊。你们这些手机里头有多少不可告人的秘密。再这样下去，你的手机就不是手机了，是手雷。”

上述两方面构成手机的辩证法，这个辩证法体现的主要不是手机的技术本性，而是手机的使用者严守一之类成功人士的生存困境。在手机世界里，他是一个不负责任的人，手机既成为掩盖他不负责任的工具，同时也成为揭示他不负责任的工具。

电影《手机》没有花很多篇幅来处理在手机世界之外严守一的生活，只是在影片的结尾处提示了一下。在严守一的奶奶去世后，他把手机扔进火堆，表示不再使用手机，回到没有手机的都市生活。

在经历了诸多风波之后，严守一最后在家里养病。当他面对侄女带来的一部新手机时，他的表情有点害怕。这时的严守一生活在手机世界之外，他似乎有意远离手机世界，让自己沉浸在用心沟通的世界里，而不是沉浸在用手机沟通的世界里。

在此时严守一的眼里或者说在导演的眼里，在用手机沟通的世界里，充满了谎言、欺骗和交易，充满了不负责任的行为；而在用心沟通的世界里，责任心充盈其间，内心充满宁静。

严守一拒绝使用手机，大概属于艺术夸张之举。在当代的社会生活中，拒绝使用手机几乎是不可想象的。电影《手机》对结尾的这种艺术化处理表达了什么样的特殊意义呢？这似乎是在表达“严守一”这个名字所昭示的意义，即守护人生之道的理想。无论是在手机世界里还是在手机世界外，人们需要有心灵的空间反思人生之道，并为此担负责任。

严守一对手机的拒绝可能是暂时的，也可能是永久的。他拒绝的是物化的东西，接纳的是一种反思性的新姿态，这反映他努力寻求心灵的升华，反思自己的人生道路，并为守护人生理想而负责的态度。

所以，手机世界外的世界是一个精神性的世界，超越责任心迷失状态的世界。

（二）台上与台下的“严守一”

严守一的形象不仅出现在手机世界里，还出现在舞台上，出现在电视上。台上与台下的严守一显现出分裂的形象。

在电影里，严守一是一位著名主持人，主持“有一说一”电视谈话节目。他主持的节目话题分别有：结婚几年是个坎儿？人该不该撒谎？人心为什么有病？在台上，他幽默风趣，风流倜傥，口若悬河，是一位有责任心、有敬业精神的主持人。

有一次，严守一在谈话节目中把电话的发明者说成是瓦特，在下一期节目中他以幽默的风格纠正他的错误。在台上，他是一个有错就改的、为观众负责的主持人。

观众只看见台上的严守一，不知道台下的严守一。在台下，严守一并不是一个责任心强的主持人。

他在电视台参加栏目策划会议，接到武月的电话，他随口就撒谎说“我不在台里”。

在会议期间，他对同事接电话时的反应进行惟妙惟肖的模仿，引起了栏目策划人费墨的反感，这个细节说明在台下的严守一对待工作持有一种游戏的、玩世不恭的态度。

在台词进修班上，严守一在课堂上玩弄手机，并说进修只是过过场，惹恼了讲台上的老师沈雪，这个情节说明严守一并不珍惜这次进修的机会，并不热心于借助提高自己的台词水平进而改进栏目主持的质量，他对于自己的节目主持工作并不怀有很强的责任心。

这部电影没有告诉我们严守一是如何成名的，没有告诉观众他的成功之路，而且，电影对严守一如何准备节目也没有给出充足的信息，观众对于严守一在台下所下的功夫所知甚少，从上面几个情节来看，观众大略得到了一个他对工作不怎么负责的印象。

鲁迅在批评中国的上等人的虚无主义时说："要寻虚无党，在中国实在很不少；和俄国的不同的处所，只在他们这么想，便这么说，这么做，我们的却虽然这么想，却是那么说，在后台这么做，到前台又那么做……"① 鲁迅将这些特殊的上等人称为"做戏的虚无党"，表示他们所想的和所说的是分离的，他们所知的和所行的是分离的，他们在台上的表现和在台下的表现也是分离的，毫无责任心可言。

鲁迅的批评还不完全适用于电影《手机》里的严守一。严守一还没有发展成为"做戏的虚无党"，但他在台上和台下的分裂表现已经显示出一些类似的特征。

（三）农村生活中与都市生活中的"严守一"

严守一来自农村，又在大都市生活，既受到农村文化的滋养，也汇聚着现代都市文化的特征。他的生活方式是农村与都市生活方式的混合体。

电影《手机》叙述的故事大多发生在都市里，对严守一的都市生活的描述是这部电影的重点。在都市里，最值得一提的是严守一的情感生活。他与三个女人发生情感纠葛。他与于文鹃的婚姻关系、与沈雪的爱情关系都因第三者而遭到

① 鲁迅：《马上支日记》，《鲁迅全集》第3卷，人民文学出版社2005年版，第346页。

破坏。他生活在一个不负责任的情感世界里。

还有一个例子，他居然不知道妻子于文鹃怀孕的消息，可见，严守一对于妻子和家庭的责任感是很淡漠的。

当然，在日常生活中，严守一表现出一定的责任心。他在与于文鹃离婚后不久得知前妻生了他的孩子，他买了手机，赶到医院看望母子，吃了闭门羹。前妻出院后，他几次寄钱给母子，并为前妻寻找新的工作，这些说明他试图承担责任，弥补自己的过失。但这份责任的承担并不妨碍他追求新的爱情，并不妨碍他继续与情人来往。这一方面显示他的都市生活方式的多样性，另一方面显示他的责任心的流变状态。

与大量的都市生活镜头相比，电影《手机》对农村生活的描绘较少。在农村，最值得一提的是严守一和他奶奶的故事。严守一主要由奶奶一手带大，与奶奶的感情最深。电影提到严守一两次回老家看望他奶奶，一次是他带着费墨、沈雪去看望他奶奶，另一次是当他得知奶奶病危的时候，他马上开车直奔老家，遗憾的是他没有机会见上老人最后一面，他听到的是砖头哥转述的奶奶的遗言。从这两次回家的情景看，严守一是一个有责任心的孝子，他与奶奶之间的真挚亲情令人感动。

电影《手机》把农村中的严守一与都市中的严守一对照

起来，显现出两个有冲突的严守一形象。在农村的生活环境里，严守一有责任心，他与奶奶之间的情感纽带折射出严守一守卫的人生之道。在都市的情感生活里，严守一屡次出轨，说明他不是一个很负责任的人。这种对照显示严守一的生存困境：在怀有理想的人生之道的时候，又经常做出与之背离的行为，守护人生之道的责任心处于迷失之境。

三、责任心的觉悟

前面从手机世界与手机世界外、台上与台下、农村生活与都市生活几个角度讨论严守一的责任心迷失状态。所谓迷失主要指他对所要守护的理想的人生之道的迷失，他不断游走于手机世界与手机世界外、台上与台下、农村生活与都市生活的界域之中，但是，他没有为自己的人生之道担负起责任来，没有做到"严守一"，因而处于生存困境之中。

"严守一"的名字富于想象意味。他想回到"一"，回到根本的人生之道上去，但是，哪里是"一"？哪里有人生之道？他在苦苦追寻，一直到电影的结尾，他仍然生活在困惑之中。这多少预示当代中国一部分成功人士尴尬的精神处境。

严守一这样的人物形象深深植根于当代中国的社会现实。

冯小刚说："《手机》和从前的《大腕》、《没完没了》不同，那是编出来的，而《手机》和《温故1942》是从土里长出来的。"① 当他提议拍摄《手机》这部电影时，在场的作家刘震云立即赞同，说这样的影片是"向生活要艺术"，不是"向艺术要艺术"。②

在近现代中国，丁文江有感于少数精英分子缺乏政治担当的现实，发出"少数人的责任"的呼声："无论哪一个时代，哪一个社会，少数优秀的分子，握了政权，政治就会得到清明。用他们的聪明智识能力，向政治方面去努力，是少数人天然的责任。"③ 在近一个世纪之后，在当代中国社会，少数成功人士的责任心仍然是一个问题。

这样的责任心问题恰好体现了现代人的生存处境，即弗洛姆所说的现代人的自由困境："对现代人来说，自由有两方面的含义：他冲破了传统权威的束缚获得了自由，并成为

---

① 《冯小刚：〈手机〉是从土里长出来的》，载 http://ent.163.com/09/0919/17/5JJCU1NS00033JOK.html。

② 参见冯小刚：《我把青春献给你》，长江文艺出版社 2010 年版，第 174 页。

③ 丁文江：《少数人的责任》，洪晓斌编：《丁文江学术文化随笔》，中国青年出版社 2000 年版，第 117 页。

一个‘个人’，但他同时又变得孤立、无能为力，成为自己之外的目的的工具，与自我及他人疏离……”[①]这种困境发展的结果可能是逃避自由，人们不愿意承担自由带来的种种责任及其相应的后果，这样，自由本身成为一个难以承受的责任。从这个意义上说，弗洛姆所说的逃避自由，实质上是逃避责任。

生活中的严守一也有这样的遭遇，他不时地逃避对家庭的责任、对工作的责任，以及对人生之道的责任，久而久之，这种逃避陷入责任心迷失境地。那么，如何直面这种逃避和迷失呢？走出责任心迷失困境的方向在哪里？冯小刚的另外一部电影《天下无贼》提供了一些解题的线索。

《天下无贼》的主角不是像严守一这样的成功人士，而是江湖人士王丽和王博，还有打工者傻根，和严守一的主持人身份相比，他们三人大概属于社会底层人士。《天下无贼》剧本在一次审查中被拒，被拒的理由是：“以贼作为影片的主角似有不妥。”[②]在当时的剧本审查者眼里，作为窃贼的王丽和王

---

① 弗洛姆：《逃避自由》，刘林海译，国际文化出版公司2002年版，第193页。

② 冯小刚：《我把青春献给你》，长江文艺出版社2010年版，第163页。

博连电影主角都不配，其社会地位的低下可见一斑。

尽管王丽、王博和严守一的社会身份不同，但是他们面临同样的人生问题，是否有必要负责地守护“天下无贼”的理想（既是社会理想，也是人生理想）？他们的答案是肯定的。

和《手机》展现严守一之类成功人士的责任心迷失不同，《天下无贼》没有把重点放在责任心的问题所在上，而是把重点转向社会底层人士的道德觉悟和道德实践上。在电影《天下无贼》里，我们发现，“严守一”式的精神探索在一批社会底层人士身上有了一个明确的方向，王丽和王博的故事提示了这一点。

在分析他们的故事之前，我们先来看一下电影《天下无贼》的标题的含义。从通常的视角看，“天下无贼”这个标题生动地描绘了一个和平的、温馨的理想社会。如果“贼”有一个喻意，指所有的罪，甚至指一切恶，那么，“无贼”的天下便是一个无恶的、太平的理想世界。傻根就是这样一个抱有如此朴素信念的人。

除了上述解释之外，我们还可以有另外的诠释视角，那就是不把“天下”理解成外在的宇宙或世界，而把它理解成内在的世界，即人心，这样“天下无贼”的命题就被转换成

"心中无贼"，它的意思是人心一片纯净，充满善性，充满责任心，无恶念，无邪念。对于个人的道德修养来说，有德之人有责任做到心中无贼，有责任守卫这一份善心。在这部电影里，傻根是"心中无贼"的一个代表，"心中无贼"是他恪守和负责的人生之道，是傻根之"根"。

实践"心中无贼"是一件十分困难的事。明代心学家王阳明说："破山中贼易，破心中贼难。"心中的贼念可以是贪婪心、名利心，也可以是各种私欲、邪情，破除这些贼念需要坚韧的修养功夫。一旦心中无贼念，个人将变得十分勇猛。王博与黎叔搏斗的故事印证了这一点。

在电影《天下无贼》里，王丽和王博的精神世界发生了转变：他们前期还是贼，处于功利境界之中；后期变成与贼争斗的英雄，处于道德境界之中。[①] 王丽和王博的思想转变具有道德的意义。他们的转变首先从王丽开始，王丽直觉到有必要改变一下生活方式，是受了怀孕事件的触动。怀孕改变了王丽的身份：她即将成为妈妈，一个孩子的母亲。一旦孩子闯入她的生活世界，她的生活方式将会有根本性的改变：她将承担起为人母的责任，承担起抚养和教育孩子的责任。

---

① 关于功利境界和道德境界的区分，可参见冯友兰：《新原人》，载《三松堂全集》第 4 卷，河南人民出版社 1986 年版，第 552—553 页。

对孩子来说，小偷身份的母亲不是一个好榜样，王丽不想让孩子背负一个窃贼之子的恶名，她决心为孩子负责的责任心在她意识到怀孕后油然而生。

后来，王丽遇到了天真善良的傻根。傻根的善性如同未出生的孩子般纯洁，表征了一个“心中无贼”的道德理想，这进一步唤起王丽的善性，唤起她为他人负责的责任心，诱发她尽力保护“心中无贼”理想的责任。

王丽的精神转变和道德觉悟也引导了王博。王博原先计划偷傻根的钱，而后逃之夭夭，后来他转而保护傻根的钱和“天下无贼”的梦想，直至为此牺牲了生命。王博的牺牲实践了一个道德理念：在为他人担负责任的过程中成就自我，这里的他人可以是未出生的孩子，也可以是傻根。

成为一个道德的人需要道德实践，道德实践展开于一个人与人的交往过程中。实践为他人的责任而不仅仅实践为自己的责任，才从根本上提升自我的精神境界，成就自己的德性。所以，后期王丽和王博的道德境界刻画了一个核心观念，即为他人负责，这构成责任心觉悟的主要内涵，也为破除责任心迷失的困境指明了方向。

当我们把《手机》和《天下无贼》两部电影放在一个责任伦理语境里讨论的时候，我们发现，严守一的“一”和傻根之“根”有共通的意义，即人生之道，这是连结两部电影的纽带。后期王丽和王博对傻根的“心中无贼”理想的保护，是对道德良心的守护，是把对傻根之“根”的守护看作自己的责任，是把傻根的人生之道看作自己的人生之道，看作自己的“根”或自己的“一”，真正负责任地实践了“严守一”的含义（严格守护人生之道）。从这个角度看，《手机》和《天下无贼》从不同的角度诠释守护人生之道（“根”或“一”）的责任话题。

四、责任心的培育

从上面的讨论可知，《手机》和《天下无贼》两部电影都触及责任话题，但角度有所不同，前者侧重于提出问题，后者侧重于试图解答问题。也就是说，《手机》向观众展示责任心迷失的困境，而《天下无贼》向观众展示走出责任心困境的可能途径：在为他人负责过程中培育自己的责任心。当然，这不是说电影《手机》没有提供任何关于解决责任心困境的思路。其实，《手机》是有一些解题性提示的，它提醒观众回到农村，把农村看作解决责任心困境的背景性资源。在这方面,《手机》和《天下无贼》有共同的立场。

在电影《手机》和《天下无贼》中，直接描述农村生活的镜头都较少。但相比之下,《手机》稍微多一些，但是，这两部电影的整个叙事都以农村为背景，理想化的农村若隐若现于电影主题之中。这两部电影里的农村带有隐喻性的特征，农村生活蕴含着解决责任心困境的价值资源。

在电影《手机》的结尾处，严守一声带发炎，声音沙哑，在都市的高楼大厦里过着隐居的生活，这似乎预示他试图回到他奶奶的精神世界里，回到他奶奶的农村生活世界里。那里没有手机，即使有电话也不愿意用，还是喜欢给人捎口信，说“枣能补心”那样的话；那里有一个纯净的心灵空间，人与人之间用心对话，总是心系他人，为他人负责。

严守一的隐居显示他返回“农村”、回归理想人生之道的立场，这一方面显示他似乎是在隐居中、在回归传统的“农村”生活中寻找解决责任心迷失的可能性答案；另一方面提示我们对当代都市生活方式可能带来的一些弊端保持某种警觉，对当代成功人士的生存困境多一些反思。

电影《天下无贼》中的傻根来自农村，他在外打工，赚了一笔钱，坐上回家的火车，准备结婚成家。通过他的叙述，观众得知他的家乡是一个平静、优美、祥和的世界，是一个没有经过现代化“污染”的村庄，那里没有窃贼，邻里和睦，有点像世外桃源。

电影里没有出现傻根家乡的镜头，观众只能凭借想象，勾画他的淳朴的农村生活。那里是“天下无贼”的地方，居住着“心中无贼”的村民。傻根的农村生活多少是被理想化了的。傻根坐火车试图回到这样一个理想的农村，王博在火车上用自己的生命保护了傻根的理想，实践了自己为他人的责任。这个故事和严守一隐居的故事一样，都预示农村生活是寻求解决责任心困境之道的背景，蕴藏着宝贵的价值资源。

有的学者对此提出批评，认为诸如《天下无贼》和《手机》这样的电影对农村的描述属于城市视角中的“乡村主义”，是“赝像”，构造了都市-农村二元模式，而这样的二元模式是整个电影工业机器的“零件”。① 我认为，从电影工业的角度批评这两部电影把农村理想化的做法，将会遮蔽这一做法背后蕴含的独特的道德责任意蕴。

第一，对于严守一和傻根来说，回农村，就是回家或回老家。家是根，是意义的植根之地。回家就是回归意义世界，回归责任之所。

---

① 参见陶冶：《刀刃上的舞者——冯小刚电影研究》，上海三联书店2007年版，第225—226、243—245页。

电影《手机》和《天下无贼》都主张回到农村，把农村理想化，在农村生活世界中寻求责任心迷失的治疗良方。这个致思之路带有新儒家的情结，像梁漱溟这样的现代新儒家把农村看作重建儒家意义世界的基地，因为在他们眼里，农村还保存着较完整的儒家价值体系、礼俗习惯和传统的生活方式。回到农村，就是回到儒家的意义世界，回到儒家心灵的归属地，所以他把乡村建设看作是一个精神整顿、儒家生命力开显的运动。① 这两部电影或多或少呈现出类似现代新儒家的思路：在儒家式的农村生活中寻找可资利用的价值源泉，以唤醒迷失的责任心，在新的时代环境里诠释儒家思想的现代性。电影的这个隐秘立场在一定程度上和学术界的儒学复兴思潮、国学复兴思潮正相呼应。

第二，随着中国社会现代化的深层次推进，适者生存和优胜劣汰的思想成为相当一部分人的生活信条，在竞争场中的胜者和强者被视为成功人士，不问他们以何种手段取胜，而那些没有资格进入竞争场的弱者或普通劳动者或者在竞争场中的输家被视为非成功人士。在热捧赢家和成功人士的背后隐藏着社会达尔文主义的哲学信念：每个主体都是奉行弱

① 参见顾红亮：《儒家生活世界》，上海人民出版社 2008 年版，第 24—34 页。

肉强食原则的生存竞争者，就像威廉姆·萨姆纳的观点所示，“生存竞争是社会生活的核心特征，如果有人在路边倒下了，这不应该是一件令人遗憾的事”。①

在严守一、武月和黎叔团伙的身上，我们似乎也闻到了社会达尔文主义的气息。武月为当“有一说一”节目的主持人不惜用手机视频来要挟严守一，严守一为掩盖与情人交往的事实而不断使用欺骗招术，黎叔团伙为偷窃而不择手段。电影《手机》和《天下无贼》把农村想象成一个和谐的、负责的而非尔虞我诈的意义世界，想象成一个充满温情、亲情、人情的“桃花源”，表达出对社会达尔文主义的批判立场，表达出对弱肉强食原则的反思立场，进而促使人们反省当代中国一部分成功人士的人生哲学。

第三，责任心的培育不是一蹴而就的，整个过程充满紧张、焦虑、辩难与曲折。细心的观众会发现上述两部电影制造了几对紧张关系，显示电影文本对责任焦虑问题的叙事伦理思考。

简要地说，电影叙事塑造的紧张关系主要有三对。

第一对紧张关系：成功人士的责任心迷失和底层人士的

---

① 彼得·狄肯斯：《社会达尔文主义》，涂骏译，吉林人民出版社 2005 年版，第 24 页。

责任心觉悟之间的紧张。

在电影《手机》里，通过对严守一的两面性形象的刻画，透视当代中国一部分成功人士处于责任心迷失的困境；在电影《天下无贼》里，通过对王丽和王博对傻根“心中无贼”理想的守护，展示他们的责任心觉悟和为他人负责的道德实践。

第二对紧张关系：城市人的生活方式和农村人的生活方式之间的紧张。

《手机》把都市几乎描绘成问题成堆、意义耗尽的空间，而把农村隐喻化为一个理想的意义世界，暗示农村的生活世界可为我们思考责任心话题提供丰富的意义资源。

第三对紧张关系：手机与手机之间不负责任的沟通和心灵与心灵之间负责任的沟通之间的紧张。

电影《手机》在很多场景下通过手机的不负责任的沟通来展示严守一的生存困境，因此这部电影还引发一个人与人之间如何沟通的话题。手机的出现，改变了人们沟通的方式，人们可以随时随地进行自由沟通。严守一在一次节目的开场白中说：“大家晚上好，这里是《有一说一》，我是严守一，让我们从心沟通。今天讨论的话题是‘结婚几年是个坎儿？’”严守一在节目中主张从心沟通，但他在用手机交流时常常不是从心沟通，手机沟通成为从心沟通的对立面，二者构成一对紧张关系。

人与人的沟通无论是诉诸手机还是诉诸手势，关键在于心与心的沟通。要做到心与心的沟通，一定要让心灵真诚敞开，做到"心中无贼"，负责地实践傻根的理想。总之，电影《手机》和《天下无贼》在对上述紧张关系的塑造中向观众呈现当代中国人的责任心建构问题。

由上文的分析可知，冯小刚的这两部电影以不同于一般学术研究的方式提出责任焦虑问题及其解题思路，引发关于责任问题的叙事伦理讨论，以电影叙事伦理的方式而不是理性伦理的方式参与当代中国的责任伦理话语的建构。[①] 这种叙事伦理的讨论促使人们尤其是知识精英进一步思考责任心的迷失与觉悟问题：在当代中国社会，导致成功人士的责任心迷失问题的原因在哪里？社会底层人士或弱势群体的责任心觉悟在多大程度上反映了普通民众的道德境界？把农村理想化和儒家化的做法在多大程度上有利于解决当代中国人的生存困境，有利于治疗责任焦虑症？对此，电影人和学者还将继续探索。

---

① 关于叙事伦理与理性伦理的区分，可参见刘小枫：《沉重的肉身——现代性伦理的叙事纬语》，上海人民出版社 1999 年版，第 3—4 页。

第三章　责任社会：价值与制度

上文剖析冯小刚电影的责任叙事伦理，试图透视当代中国社会的责任焦虑现象，思考当代中国的责任问题与出路。电影给出的解题思路带有隐喻性和启发性，但是缺乏学理性。

近年来，责任焦虑症的话题日渐引起学术界和大众的共同关注。但是，人们对于社会上出现的责任问题和责任焦虑现象还存在着一些误解，一些媒体过度炒作当代中国人的责任意识缺失的现象。

在日常生活中，人们常常感叹公民的社会责任感在下降，我们在街头巷尾经常听到这样的感慨："世风日下，我们的责任感哪里去了？"这个判断对不对？我认为，这个看法只看到事情的一面，没有看到事情的另一面。看到的一面是指人们的道德责任感缺失了，没看到的另一面是指我们的责任意识有所增强。这个增强的责任意识指的是岗位责任的意识。

从近年来问责制的推行可以看出岗位责任意识的增强。自2003年以来，一系列重大事故的负责人相继遭遇问责。例如，2003年非典事件中卫生部部长、北京市市长被免职；2008年贵州瓮安县发生6·28事件，县委书记、县长被免职；同一年中，在三鹿奶粉案、临汾重大溃坝事件中，相关领导都被问责而罢免。2011年7月，甬温线发生“7·23”重大铁路交通事故，铁道部党组决定撤免上海铁路局局长、党委书记、分管副局长。这些问责事件追究的是领导干部的失责情况，因为他们没有在自己的工作岗位上切实承担起相应的岗位责任。中国约有500万公务员，3000万事业干部，问责制从2002年起就成为行政法规，在2009年被列为党的纪律条例。问责制的执行和推广说明岗位责任意识在立法和舆论监督中日益增强。

一般来说，某个领导干部在他的岗位上没有做好分内应该做的事情，没有真正担负起他的岗位职责，由此造成特别严重的、灾难性的实际后果，社会影响特别重大，领导有过错，就要被问责，就要被追究责任，最直接的后果是免职。这里，被追究的是该领导的岗位责任，而不是道德责任。岗位责任意识要求每个人各就其位、各司其职、各尽其能、各得其所。[①]

电影关于责任焦虑的叙事毕竟不同于现实社会的运作逻辑。回到现实社会，我们必须正视责任焦虑症，澄清人们对于责任意识缺失的误解，提出切实可行的方略和纲领。在当代中国社会，我们可以从价值和制度两个层面推进责任社会建设，提升社会生活的品质。

在价值层面，建设责任社会，有必要树立责任价值原则，把责任认可为一种值得追求的价值理念。要倡导更负责地向群众负责的理念，要在工作中反对一切特权，多尽职责和义务。

在制度层面，建设责任社会，有必要建立科学合理的责任制度，以此推动机制体制的全面改革和自我完善，使各项社会制度更加成熟，更加定型，增强制度自信。

一、更负责地向群众负责

从价值层面看，建设责任社会，要树立更负责地向群众

① 参见顾红亮：《化责任之知为责任之行与责任之德》，《文汇报》2011年11月26日。

负责的价值理念，让责任价值成为一种引领性的价值原则。

党十八大报告提出，“在全党深入开展以为民务实清廉为主要内容的党的群众路线教育实践活动，着力解决人民群众反映强烈的突出问题，提高做好新形势下群众工作的能力”，收到“照镜子、正衣冠、洗洗澡、治治病”的效果。要提高领导干部做群众工作的能力，其中一个切入点是提高领导干部向群众负责的责任能力。提高责任能力这个提法的背后，隐藏着对责任价值理念的坚守。

我把这种责任能力表述为领导干部“更负责地向群众负责”。所谓“向群众负责”指的是领导干部担负相应的岗位责任，在各自岗位上竭尽全力为群众服务；所谓“更负责地”表示的是领导干部要承担更高要求的道德责任，在履行岗位责任时要尽心尽力，鞠躬尽瘁。

（一）一切向群众负责

从哲学上看，党的群众路线体现了马克思主义认识论和历史唯物主义的统一。从认识论上看，从群众中来、到群众中去的工作方法体现的是从实践到理论、从理论到实践的辩证发展过程。从唯物史观上看，群众路线表达了人民群众是历史的创造者的观点，表达了尊重群众的首创精神的立场。群众创造了历史，历史的创造是一个群众实践的过程，这个过程包含着实践与理论的辩证运动，包含着从群众中来、到群众中去的辩证运动，由此可见，在群众路线和群众观点上，马克思主义认识论和唯物史观得到了辩证的统一。

群众路线是马克思主义认识论和唯物史观的集中体现。把认识论和历史观落实到工作作风上，群众观点和群众路线就转化为群众工作的作风，转化为向人民群众负责的作风。正如毛泽东所说："我们的责任，是向人民负责。每句话，每个行动，每项政策，都要适合人民的利益，如果有了错误，定要改正，这就叫向人民负责。"①向群众负责真正体现了群众路线的工作作风。

刘少奇在提炼群众观点时也强调了这个观点："一切为了人民群众的观点，一切向人民群众负责的观点，相信群众自己解放自己的观点，向人民群众学习的观点。"②向群众负责的观点不仅是群众路线的应有之义，而且是群众路线的核心理念。做到了"向群众负责"，是贯彻群众路线的表现；更负责地做到了"向群众负责"，是贯彻群众路线的更佳表现。

"向群众负责"体现为一种责任实践。责任是要践履的，否则停留于责任心或者责任知识而不起实际的作用，那

---

①《毛泽东选集》第四卷，人民出版社 1991 年版，第 1128 页。

②《刘少奇选集》上卷，人民出版社 1981 年版，第 354 页。

样的责任是虚幻的，是伪责任。对于领导干部来说，责任实践不仅指化自己对于群众的责任心与责任知识为责任行动，在实践中承担起向群众的责任，而且指领导干部对群众的所作所为所出现的后果承担相应的责任，属于事后履行责任。

朱镕基在一次市长办公会议的讲话中提到一个官僚主义的事例：有半年多的时间，上海的街道上没有洒过水，因为市环卫局把洒水车下放到区里，而区里要车子不要开车的司机，相互扯皮，导致洒水车上不了街，严重影响群众的生活。[①] 这个例子说明，有些领导干部在嘴上说要走群众路线，但是没有付诸行动，没有化责任心为责任行动。后来，朱镕基下令，三天以内必须把洒水车开出来，这是在承担事后责任，以负责的态度纠正之前某些官员的不当作为。

要做到"更负责地向群众负责"，需要有责任心。责任心是责任实践的内驱力。一个有责任心的领导干部，一个心里装着群众的领导干部，就会时时刻刻为普通群众的日常生活着想。毛泽东说："从群众中来，到群众中去，想问题从群众出发就好办。部队中的负责同志要替士兵着想，机关、学校

---

① 参见《朱镕基在上海讲话实录》，人民出版社 2013 年版，第 336 页。

的负责同志要替大厨房着想，替杂务人员着想，所有的共产党员要替人民着想。”[①] 替士兵着想、替大厨房着想、替杂务人员着想，就是替群众着想。替群众着想、关注群众呼声是贯彻群众路线的主要表现形式。一个没有责任心的领导干部，一个不把群众的疾苦放在心上的领导干部，就不可能负责地贯彻群众路线。

“向群众负责”既可以指责任行动，也可以指责任行动的结果。领导干部在贯彻群众路线过程中实践了向群众负责的责任，得到了“向群众负责”的客观结果。如果有强烈的责任心的驱使和优秀的责任能力的发挥，那就不仅仅得到了“向群众负责”这样一个客观结果，而且使群众路线的贯彻提升到一个新的境界，做到了“更负责地”为群众承担责任。

有的领导干部在群众工作中还存在一些不适应的地方，如有的干部做群众工作方式比较简单，有的习惯做表面文章，漠视群众疾苦，有的不善于用互联网等新兴媒体做群众工作，有的高高在上，缺乏亲和力。这些不适应都可以看作是某些官员的责任能力不强的表现，它们在很大程度上弱化了责任

---

① 《毛泽东文集》第三卷，人民出版社 1996 年版，第 71 页。

实践的有效性和群众工作的效率。

（二）群众的分化与整合

为了“更负责地向群众负责”，更有信心贯彻好群众路线，我们不仅要有责任心、责任能力和行动，而且要研究群众之所想、之所虑、之所急，研究群众在新时期呈现的新特征和结构性的变化。新形势下群众工作具有很大的难度，这不仅仅因为责任实践和责任能力的培养涉及更多更复杂的环节，而且因为负责的对象即群众本身是变动的，其内涵也是流动的。在现时代，群众是高度分化的，同时又具有一定的整合性。分化与整合的“矛盾性”共存在群众身上。

第一，群众的利益既分化又整合。

一方面，随着社会流动性的增加和富裕程度的提高，群众的利益在不断分化，利益诉求日益多样化，利益的获取方式和满足方式也呈现出个性化的特点。

另一方面，群众在追逐利益时有一定的“共性”，越来越有效地运用法律武器来保障自己的利益，越来越具有权利意识，通过合法维权来维护自己的利益不受损害。

第二，群众的价值既分化又整合。

一方面，随着国际化程度的不断提升和社会思潮的不断翻新，群众的价值追求呈现多样化，表达价值的方式也是多样化的，价值的最优化排序在不同的群体中是不同的，有的把富裕视为第一价值，有的把平等排在价值序列首位。

另一方面，群众又有一定的“价值共识”，全社会都在呼唤基本的价值理想，呼唤真善美，呼唤诚信与公正，主流社会正在努力构建社会主义核心价值观，进一步构筑体现社会正能量的“价值共识”。

第三，群众的身份既分化又整合。

一方面，改革开放以来，群众的身份日渐多重化，分属于不同的阶层、共同体和社区，形塑出不同的身份认同，如网民、微博大V等，这些身份认同还可能出现一定的冲突，一个人可能拥有相互冲突的多重身份。

另一方面，随着中国国力的不断强盛和国际影响力的不断上升，大家都自豪于做一个中国人，都认同于中国人的身份。在新形势下，习近平提出中国梦，正契合了这样一种共享的身份认同，恰好体现群众的精彩梦想。习近平说：“生活在我们伟大祖国和伟大时代的中国人民，共同享有人生出彩的机会，共同享有梦想成真的机会，共同享有同祖国和时代一起成长与进步的机会……中国梦归根到底是人民的梦，必须紧紧依靠人民来实现，必须不断为人民造福。”[①]这说明，中国梦是群众的梦，是扎根于群众的日常生活的梦，不是脱离群众实际的梦，是和群众的奋斗、群众的信念密切联系在一起的梦想。这不是少数几个人的梦想，而是体现了群众意志与身份认同的梦想。实现中国梦，就是在实现群众的梦，就是在践履为群众负责的观点和工作路线。

如前所述，群众的利益、价值、身份具有分化性和整合性，由此可见群众工作的复杂性和“向群众负责”实践的艰巨性。朱镕基曾说：“我现在感到干部越来越脱离群众，这不是怪干部，是我们这一套工作程序、工作方法、机构、体制把人都拴死了，一天到晚开会，一天到晚发文件。文件发得很多，好多人没有好好看过。我要把送给我的文件全看过，什么事情都不要干了。我这个人又喜欢看东西，还老要翻一翻，所以累得要死。我不是说不要掌握情况，而是要到下面去体察民情，了解真实情况。”[②]朱镕基这番话点明，干部脱离群众可能由干部的工作作风造成，也可能由机械的工作

---

① 习近平：《在第十二届全国人民代表大会第一次会议上的讲话》，载《十八大以来重要文献选编》（上），中央文献出版社2014年版，第235页。

② 《朱镕基在上海讲话实录》，人民出版社2013年版，第586—587页。

程序和工作体制造成，所以在贯彻群众路线过程中，我们既要考察工作作风问题，也要细究工作体制问题。僵化的工作体制很有可能养成懒惰的工作作风，使干群关系脱节；任劳任怨的工作作风则有可能超越僵化的工作体制，使干群关系紧密。

从完善工作体制的角度看，我们要积极推行问责制。问责制在一定程度上警示领导干部必须兢兢业业担负起工作职责，它以服务群众、“向群众负责”为旨归。问责制的推行，既有利于提升领导干部的岗位责任意识，又有利于拉近领导干部和群众的距离，从制度上确认失责是要付出代价的。

从改进工作作风的角度看，我们要反对特权思想和特权现象。特权者追逐个人利益，损公利私。特权者甚至动用立法武器来为自己的特权服务，使他们的特权得到合法庇护的外衣。特权者是社会的寄生者和公共利益的掠夺者。特权现象和“向群众负责”是对立的。朱镕基说：“为什么现在党同群众的联系这么差？现在是党和权联系在一起。……群众说，共产党把党员标准越来越降低了，过去说为了人民的利益而牺牲自己的利益，党员要‘吃苦在前’，现在变成‘同甘共苦’了，甚至连同甘共苦往往也做不到了。这个问题，如果不突出地讲不行。我们党员特别是党员领导干部，还是有一些特权的。对这个问题需要提得高一点，得有一个办法。”①

习近平在一次讲话中列举了干部中存在的一些特权现象，例如，“违规占有多套住房的，违规占用公家车辆的，以各种形式侵占公共利益的，违规侵害群众利益的，明里暗里为亲属升官发财奔走的，以权枉法的”。②搞特权，败坏党和领导干部的形象。在实际工作中，必须反对特权，走群众路线，自觉接受群众的监督，“任何人都没有法律之外的绝对权力”。③

李瑞环在《看法与说法》一书中说：“群众最可敬，群众最可爱，群众最可怜，群众最可畏。”“脱离群众的人，失去群众的人，不管职务多高，本事多大，统统都是纸老虎。”“纸老虎”这个比喻形象地说明脱离群众的领导干部犹如无水之鱼，不堪一击，也不堪大用。因此，领导干部“该履行的职责必

① 《朱镕基在上海讲话实录》，人民出版社 2013 年版，第 421 页。

② 习近平：《依纪依法严惩腐败，着力解决群众反映强烈的突出问题》，载《十八大以来重要文献选编》（上），中央文献出版社 2014 年版，第 137 页。

③ 同上书，第 136 页。

须履行，该承担的责任必须承担”，“要有担当意识，遇事不推诿、不退避、不说谎，向组织说真话道实情，勇于承担责任”。[①] 只有“更负责地向群众负责”，才能保持同人民群众的血肉联系，万众一心，实现共同的梦想。

二、不谋特权而多尽职责与义务[②]

从价值层面看，建设责任社会，建设负责任的中国形象，不仅要坚持更负责地向群众负责的价值理念，而且要反对和克服特权思想和特权现象，分析特权思想产生的价值观根源，倡导公平正义。

当前，反对特权思想和特权现象已引起人们热议。

何谓特权？

在汉语语境里，人们究竟如何理解特权的含义，特权之“权”作何解释？是把它解释为特殊的权力还是特殊的

---

① 习近平：《严明政治纪律，自觉维护党的团结统一》，载《十八大以来重要文献选编》（上），中央文献出版社 2014 年版，第 133 页。

② 本节的相关内容，可参见顾红亮：《讲职责与义务而不谋求特权》，《探索与争鸣》2013 年第 3 期。

权利？特权的最大危害性体现在哪里？如何有效克服特权现象？深入思考这些理论问题，有助于我们进一步认识“特权”文化在中国社会中的性质和作用，建构当代中国的责任价值话语。

（一）无需受职责规训的特殊权力

在日常语言中，人们把特权之“权”当权力来解，视“特权”为特殊的权力。

邓子恢在《关于当前农村人民公社若干政策问题的意见》一文中指出，有的干部多吃多占，多拿补贴，“这种现象便形成干部生活特殊化，其结果，一方面引起群众不满，影响集体经济不能巩固；另一方面也造成一批特权人物，这些人开始脱离群众，最后则形成与群众对立，甚至利用权力控制群众，成为党与群众联系的障碍”。[①] 这句话里的“特权”之“权”指的是权力。一些干部脱离群众，把手中的权力看作为自己谋利益的工具，成为用特殊权力抬高自己、压低群众的人。

在特定的社会里，一些拥有特殊地位和身份的人，被赋予特殊的权力，与特定的职位联系在一起，拥有一般人没有

---

① 《邓子恢文集》，人民出版社 1996 年版，第 592—593 页。

的权力。这样的特权者常常可以为所欲为，不计后果，不负责任。从法律上说，与职位相连的是职责，拥有较高职位和较大权力的人，必须履行相应的职责。对于特权者而已，他拥有一定的职位和官衔，手里握有相当大的权力，但是不必承担该职位所要求的职责，可以超乎他的职位责任。特权者即使做错了事，造成了不良的后果，也不用承担责任，因为他拥有特权的佑护，所以我们无法对特权者问责。问责制对特权者而言是失效的。无需承担责任是特权的一个特点。

一种无需受职责规训的权力，是可怕的，这样的特殊权力的滥用几乎是必然的。有的官员无节制运用权力，“有一部分有功劳有职位的党员正是认为，他们的行为是不受约束的，这是他们的‘特权’”，① 如果纵容这种特权行为，很多群众就成为无辜的受害者，成为特殊权力的牺牲品，很多不公正的社会现象由此产生。在一个公正的社会秩序下，官员的权力是有制约的，行使权力需受其职责和法律的规范。

党的十八大报告提出：“各级领导干部特别是高级干部必

---

① 《邓小平文选》第1卷，人民出版社1994年版，第243页。

须自觉遵守廉政准则，严格执行领导干部重大事项报告制度，既严于律己，又加强对亲属和身边工作人员的教育和约束，绝不允许搞特权。”这句话把特权与廉政联系在一起讲，反对特权是廉政建设的应有之义。“绝不允许搞特权”指的是反对领导干部拥有特殊的权力。领导干部手里的权力要受到监督，在阳光下运行，不能特殊化。一定职位的干部拥有一定级别的权力，必须承担相应的职责。搞特权，等于把廉政、为民办实事等责任抛诸脑后。

特权作为一种特殊权力，有可能服务于公众利益。例如，洛克在《政府论》下册的第十四章中谈到的特权，就是一种“在没有规定的情况下谋求公共福利的权力”，“这种并无法律规定、有时甚至违反法律而依照自由裁处来为公众谋福利的行动的权力，就被称为特权”。[①] 人民通常愿意默认而不去限制这种特权。本书所说的“特权”为个人谋福利，和洛克所讨论的特权不是一回事。

（二）无需受义务约束的特殊权利

翻阅《现代汉语词典》（商务印书馆1980年版），看到该词典对“特权”的解释是：“特殊的权利。”网上的汉典对

---

① 洛克：《政府论》下册，叶启芳、瞿菊农译，商务印书馆1964年版，第106、102页。

“特权”的界定是：“一般人享受不到的特别权利。”[①] 不少论著从权利的角度界定特权之“权”。

法国大革命时期的政治思想家西耶斯（Sieyes）写过一篇文章《论特权》，对特权的性质、特权对国家和社会的危害等问题作了简短的阐释。西耶斯正是从权利的角度论述特权，他的看法具有一定的代表性，值得我们注意。

他说：“无论何种特权，其目的自然都在于免受法律的管束，或赋予法律所未禁止的某种事物以专属权利。”[②] 某些人获得专属的权利或者获得超越于法律的权利，属于特权者。“凡法律未予禁止的都在公民自由的范围之内，都是属于大家的。让某一个人对属于大家的东西拥有独一无二的特权，这等于为了某一个人而损害大家。这种做法既表现了不公正的思想，又表现了最荒诞悖理的思想。”[③] 西耶斯把特权比作病人体内的“恶性脓肿”，把特权的发明视作“可悲的发明”，可见其对特权的厌恶。

就特权与公正的关系而言，西耶斯明确指出，特权是显失公正的。“按照事物性质来说，所有特权都是不公正的，令

---

① http://www.zdic.net/cd/ci/10/ZdicE7Zdic89ZdicB9301258.htm。

② 西耶斯：《论特权　第三等级是什么？》，冯棠译，商务印书馆 2010 年版，第 1 页。

③ 同上书，第 2—3 页。

人憎恶的，与整个政治社会的最高目的背道而驰。”① 西耶斯以“权利”解特权，这个观点是富有启发性的。

邓小平在 1980 年 8 月的中央政治局扩大会议上有一个关于党和国家领导制度改革的讲话，其中说：“我们今天所反对的特权，就是政治上经济上在法律和制度之外的权利。”② 这个界定清楚地点明两个结论：第一，从权利而不是权力来为特权立论；《辞海》（1999 年版）把“特权”解说为“剥削阶级依据其政治、经济地位而拥有的特殊权利”。③ 第二，特权所指的权利不是法律和制度之内的权利，而是法律和制度之外的权利，是违法或违反制度的权利。

在法律上，权利与义务是对等的。某一个人在享有一定权利的同时，也须履行一定的义务，例如公民在享受自由权、财产权等种种权利的同时，担负有交赋税、服兵役等义务。有些人拥有特殊的权利，凌驾于法律和制度之上，可以不受法律和制度的约束，这意味着他们不必履行与权利相当的义务。一个典型的例子是“只许州官放火，不许百姓点灯”。特

---

① 西耶斯：《论特权　第三等级是什么？》，冯棠译，商务印书馆 2010 年版，第 3 页。

② 《邓小平文选》第 2 卷，人民出版社 1994 年版，第 332 页。

③ 《辞海》（下），上海辞书出版社 1999 年版，第 4113 页。

权者常常以无需尽义务的面貌或者高于义务的面貌出现。无需尽义务成为特权的另一个特点。

一种无需受义务约束的权利，是失衡的，这样的特殊权利迟早是会被腐败的和吞噬掉的。有的人只享受权利，无需承担义务；有的人可能只承担义务，而享受很少的权利或者根本无法享受权利，这样的社会局面是没有公平正义可言的。彭真在《公民在法律面前人人平等》一文中说："不尽义务就是一种特权，我们的宪法是不承认这种特权的。那种'只享权利，不尽义务'的思想，实际上是一种损人利己，损公利私，牺牲最大多数人民的利益来满足个人利益的剥削思想，也就是一种特权思想，和我们的宪法草案的精神是背道而驰的。"[①] 特权者的不尽义务的行为带有剥削性质，剥削了普通公民所应享有的正当权利。

党的十八大报告有三处提到"特权"一词，有一处把特权与法律联系起来讲："任何组织或者个人都不得有超越宪法和法律的特权。"还有一处把特权与纪律联系在一起讲："严肃党的纪律特别是政治纪律，对违反纪律的行为必须认真处理，切实做到纪律面前人人平等、遵守纪律没有特权、执行

---

① 《彭真文选》，人民出版社 1991 年版，第 259 页。

纪律没有例外。”这两处“特权”的用法大体一致，均指特殊的权利。对于组织或者个人来说，不得有超越法律的特殊权利；对于党员来说，不得有超越党的纪律的特殊权利。法律是普通公民应该遵守的义务，党的纪律是党员应该履行的义务。超越法律义务和纪律义务的特权者，对党的事业具有极大的危害性。

（三）特权者追逐一己私利

通过上面的分析，我们发现，在现代汉语的框架中，“特权”一词兼有特殊权力和特殊权利两种含义。虽然这两种含义背后藏有不同的意蕴，但是，从根本上看，无论是特殊的权力者还是特殊的权利者，最终都追求一己私利。

在一个社会中，一个人无需负责任，无需尽义务，这样的人不是普通的公民，而是特殊的公民，是特权者。从公正的眼光看，特权者在社会中受到优待，得到实惠，无形中给其他人带来极度的不公平。特权者实际上是维护个人利益的，而不顾及公共利益。

西耶斯说：“当君主赋予一个公民以特权者的特征，从这时起，他便把这个公民的心灵引向一种个人利益，并且或多或少地使它对公共利益不再关心。对他来说，祖国的概念缩小了；祖国的概念只局限于接纳他的那个社会等级。”[①] 特权者只关心他的利益和他所属阶层的利益，动用立法武器来为自己的特殊权力和特殊权利服务，使他们的特殊性得到合法庇护的外衣。西耶斯看到了特权者的卑劣想法，他说：“特权者吞下了钱，也吞下了人；而这一切都有去无回地奉献给不事生产的特权者了。”[②] 在西耶斯的笔下，特权者变成了社会的寄生者和公共利益的掠夺者。

1999年版的《辞海》列有“特权”词条，该词条的释义表明，社会主义社会依然存在特权现象，它有不同的表现形式。“我国在社会主义制度下，由于旧社会习惯势力和非无产阶级思想的影响，在一部分干部中仍然存在特权现象。表现形式有：居功自傲，言论和行动不受党纪国法的约束；独断专行，实行家长制；用人唯亲，排除异己；开后门，拉关系；以权谋私，权钱交易以及特殊化等，是腐败现象的一种表现。”[③] 这些表现形式无不展示出特权者追逐个人利益、损公利私的特性。

透过特权的表现形式，发现特权的两种含义常常相互“勾结”：特权者利用手中掌握的特殊权力来霸占和维持特殊

---

① 西耶斯：《论特权　第三等级是什么？》，冯棠译，商务印书馆2010年版，第6页。

② 同上书，第17页。

③ 《辞海》(下)，上海辞书出版社1999年版，第4113页。

的权利，侵犯普通公民的合法权利，以谋取自己利益的最大化和长期化。在一个法制不健全的社会里，特殊权力和特殊权利的“勾结”将日益强化和固化特权者的一己之利，逐渐销蚀国家和社会的根基。

（四）用权利治疗特殊权力之病

如上分析表明，特权概念包含权力意义上的特权和权利意义上的特权，呈现出“特权”文化在中国的特殊性。

如何有效克服权利意义上的特权？

措施之一是加强党纪国法的执行力。

对此，邓小平有过较为完整的论述：“公民在法律和制度面前人人平等，党员在党章和党纪面前人人平等。人人有依法规定的平等权利和义务，谁也不能占便宜，谁也不能犯法。不管谁犯了法，都要由公安机关依法侦查，司法机关依法办理，任何人都不许干扰法律的实施，任何犯了法的人都不能逍遥法外。谁也不能违反党章党纪，不管谁违反，都要受到纪律处分，也不许任何人干扰党纪的执行，不许任何违反党纪的人逍遥于纪律制裁之外。只有真正坚决地做到了这些，才能彻底解决搞特权和违法乱纪的问题。”[①] 作为制度

① 《邓小平文选》第2卷，人民出版社1994年版，第332页。

文本的党纪国法保障人们的权利，自有其权威性，如果不付诸实施，容易成为摆设。如果违法不究，违纪不管，特权思想就容易滋长，克服权利意义上的特权也就成为一纸空文。

如何有效克服权力意义上的特权?

措施之一是普遍提升公民的权利意识。

权力的非法运用和不当行使都可能造成对权利的侵害。权利意识的挺立，促使公民运用各种法律武器和制度规则来抵御权力的滥用和误用。绝对的权力导致绝对的腐败，其危害性犹如社会有机体的毒瘤。一个允许特殊权力或绝对权力存在的社会是一个病态显露的社会。“把权力关进制度的笼子里”，与此同时，使公民的权利得到有效的维护和落实。权力意义上的特权必须被放置在一个权利有保障的社会环境里，才有可能得到一定程度的抑制。从这个意义上，对于特殊权力之病症，权利有治疗之功。

上文把特权分别训解为特殊权力和特殊权利，这两种释义都有相应的文本支持，这给我们理解“特权”概念带来一定的复杂性和模糊性。不过，这种模糊性正好体现大多数中国人的一种特殊的汉语思维方式：权力与权利不分，认为拥有一定权力的人，也享有相应级别的权利。这种汉语思维方式蕴含着克服特权思想的某种契机，也就是说，权力和权利的不分包含着一种可能性：用法律和制度来规约特殊的权利，用合法的权利来约束特殊的权力。法律和制度确保权利的平等享有和人人享有，可防止某些当权者的胡作非为，制约当权者任何侵犯他人权利的行为，以防止当权者蜕化为特权者。

三、使责任制更加成熟更加定型

从制度层面看，建设责任社会，坚持更负责地向群众负责的价值理念，反对特权思想和特权现象，从而为责任制度和社会各个领域的制度的完善确立健康合理的价值导向，营造一个良好的社会氛围，有助于提升士气，凝聚人心。

党的十八大提出全面深化改革开放的目标，十八届三中全会对全面深化改革的若干重大问题做出详细论述，规划了未来一段时间的改革蓝图，设计了一系列政策和制度，包括责任制度在内。这幅蓝图充分体现了中国特色社会主义道路自信、理论自信和制度自信。

（一）深化机制体制改革体现制度自信

全面深化改革到底改什么？深化什么样的改革？总的来说，深化改革主要是指深化机制体制改革，促进中国特色社会主义制度的自我完善。中共十八届三中全会通过的《中共中央关于全面深化改革若干重大问题的决定》（以下简称《决定》）指出："经济体制改革是全面深化改革的重点。""全面深化改革的总目标是完善和发展中国特色社会主义制度，推进国家治理体系和治理能力现代化。"需要深化的机制体制改革包括经济体制改革、政治体制改革、文化体制改革、社会体制改革、生态文明制度改革、党的建设制度改革等。这是一场全方位的、多向度的制度改革运动。

制度可以分成文和不成文，不成文的制度常常表现为潜规则。改革制度，就是要改革成文和不成文的制度，在社会上逐渐形成一个良好的制度环境。不合理的制度要改革，没有制度的地方要建立新的制度，解决重大问题要依照制度来办理，也就是说，我们要用合理的制度来治理国家。"治理体系和治理能力现代化"包含的一个主要意思是提高用制度来治理国家和社会的能力。"坚持用制度管权管事管人……是把权力关进制度笼子的根本之策。"传统偏重用人来管理国家，现在要用制度来治理国家和社会。

1949年以后，我们逐步建立起社会主义基本制度，1978年以来，我们明确所处的是社会主义初级阶段，确立中国特色社会主义制度。“中国特色社会主义制度是特色鲜明、富有效率的，但还不是尽善尽美、成熟定型的。”① 当前和未来一段时间所要进行的制度改革的实质是要完善中国特色社会主义制度，亦即制度的自我完善。

深化机制体制改革充分体现中国特色社会主义的制度自信。我们可以从几个角度来理解制度自信。第一，制度自信可指我们对社会主义基本制度的自信，相信社会主义基本制度是正确的，中国特色社会主义的发展方向是对的。第二，制度自信可指对于制度改革有一种自信。制度自信不是建立在我们的制度很完善的基础之上，而是建立在我们不断改革和不断完善制度的基础之上。我们敢于改革制度，勇于改革不适应经济社会发展的制度，这正是制度自信的展现。深化改革不是要推翻制度，而是进一步完善制度。第三，制度自信可指我们对于制度改革的能力有一种自信。我们承认现行的机制体制是不完善的，存在很多问题，我们不回避问题，

---

① 习近平:《紧紧围绕坚持和发展中国特色社会主义学习宣传贯彻党的十八大精神》，载《十八大以来重要文献选编》(上)，中央文献出版社2014年版，第75页。

而是直面问题，敢于挖掘问题的根源，我们确信我们有能力提出新的对策，破解难题。第四，制度自信可指我们对于通过制度改革促进全面深化改革、促进现代化发展有一种自信。我们深化改革制度，不是为了改制度而改制度，而是为了促进社会公平正义，增进人民福祉。对此，我们有足够的自信心。

（二）在发展成果的共享中改革制度

全面深化改革意指要深度推进改革，调整社会的利益格局，解决改革过程中的深层次问题与制度性难题。从制度完善的角度来看，深化机制体制改革需要考虑以下几个方面：

第一，要加强制度改革的顶层设计和整体谋划，突出制度改革的系统性、整体性和协同性；还要注意制度改革领域的全面性，需要从经济体制、政治体制、文化体制、社会体制、生态制度、党的制度建设等多方面来推进制度改革。

第二，要破除一切思想观念和机制体制的弊端，让一切创造社会财富的源泉充分涌流起来。要构建系统完备、科学规范、运行有效的制度体系，各项制度改革是配套的，相互支撑的，从而使制度体系更加定型。

第三，在对制度改革的设计过程中，要坚持公平原则。

制度的自我完善正是朝着这样一个目标去努力："让发展成果更多更公平惠及全体人民。""让发展成果更多更公平惠及全体人民"这句话在十八大报告里出现过，在十八届三中全会《决定》中再次被提及。这句话的内涵应在制度改革和制度完善的语境里加以理解。这句话有三个关键词，即发展成果，更公平，全体人民。从理论上看，这句话中的"更公平"可以有三个意思：

其一，从实质性内容来理解公平。更多而且更公平地惠及全体人民，更多与更公平是并列的。这里的公平主要指内容上的公平。从结果上看，人民得到更多的实惠，更公平的实惠。

其二，从程序性来理解公平。更多地以更公平的方式或程序惠及全体人民。如果人民的利益获取是以不公平的方式或程序进行的，那么，这个利益的获取就是有问题的。如果程序不公平，那么即使结果是公平的，最终也是不公平的。

其三，从过程性来理解公平。这句话讲的是发展成果，而不是发展结果，这是说，在发展过程中积累起来的阶段性成果都要让人民得到实惠，增进福祉。不要等到发展好了，才来补偿之前所付出的牺牲或者代价，要在发展中，不失时机地让人民受惠，人民得实惠是发展性的，我们的发展不应该以几代人的利益损害为代价，国家的发展、社会的发展和人民的发展，是共享的、互惠的，这也是一种更公平的体现。在经济社会发展的过程中，更公平地惠及人民，这才是制度改革的现实目标。

（三）在责任制的实施中完善制度

近年来，我们提出很多具体的制度改革举措与政策安排，例如，探索全国统考减少科目、不分文理科、外语等科目社会化考试一年多考，启动实施一方是独生子女的夫妇可生育两个孩子的政策，在这些改革中，有一个核心的制度建设理念贯串其中，即实施责任制度。

在党的十八届三中全会的《决定》文本中，多次出现与责任制度相关的词汇，包括责任、责任感、问责制、责任追究制度等。其中，"责任"一词出现26次，"问责制"（问责机制）一词出现2次，"责任制（度）"一词出现5次，"责任追究制度"（责任追究机制）一词出现4次，"责任感"一词出现1次。在十八大报告中，与责任制度相关的词汇相对较少，"责任"一词出现11次，"责任制"出现2次，"责任追究制度"一词出现1次，"责任感"一词出现2次，没有出现"问责制"一词。从十八大报告到十八届三中全会的《决定》，"责任"、"责任制"术语出现的次数明显增多，这些数据说明，责任制度越来越成为一个重要观念，责任制度越来越成为制度改革的一个核心观念。制度改革如果不和责任制度建设联系起来，就难以获得重大突破。

我们对十八届三中全会《决定》中出现的“责任”和“责任制”进行归类，发现在经济体制、政治体制、文化体制、社会体制、生态体制、党的制度等六个方面都能找到有关责任或责任制的表述。

在经济体制改革领域，《决定》的表述有“建立长效激励约束机制，强化国有企业经营投资责任追究”，“界定中央和地方金融监管职责和风险处置责任”，“建立事权和支出责任相适应的制度”。

在政治体制改革领域，《决定》的表述有“健全错案防止、纠正、责任追究机制”，“完善选人用人专项检查和责任追究制度，着力纠正跑官要官等不正之风”，“全面落实行政执法责任制和执法经费由财政保障制度”，“完善主审法官、合议庭办案责任制，让审理者裁判、由裁判者负责”，“畅通民主渠道，健全基层选举、议事、公开、述职、问责等机制”。

在文化体制改革领域，虽然《决定》中没有直接的有关责任制的表述文字，但是在教育领域中有关于责任感的表述：“增强学生社会责任感、创新精神、实践能力。”在另一个中央文件《中共中央关于深化文化体制改革　推动社会主义文化大发展大繁荣若干重大问题的决定》中，“责任”一词使用11次，“社会责任”一词使用5次。就“社会责任”来说，该文件分别对人民、新闻工作者、网络运营服务企业、非公有制文化企业、文化工作者等五类主体提出自觉履行“社会责任”的要求，例如，“引导人民增强道德判断力和道德荣誉感，自觉履行法定义务、社会责任、家庭责任”，“新闻媒体和新闻工作者要秉持社会责任和职业道德”，“督促网络运营服务企业履行法律义务和社会责任，不为有害信息提供传播渠道”，“加强和改进对非公有制文化企业的服务和管理，引导他们自觉履行社会责任”，“要引导广大文化工作者特别是名家名人自觉践行社会主义核心价值体系，增强社会责任感，弘扬科学精神和职业道德”。由这些责任要求可知，履行社会责任已经日渐成为全社会的共识。

在社会体制改革领域，《决定》的表述有“健全政府促进就业责任制度”。

在生态文明制度改革领域，《决定》的表述有“实行最严格的源头保护制度、损害赔偿制度、责任追究制度，完善环境治理和生态修复制度，用制度保护生态环境”，“建立生态环境损害责任终身追究制”。

在党的制度建设方面，《决定》的表述有："落实党风廉政建设责任制，党委负主体责任，纪委负监督责任，制定实施切实可行的责任追究制度"，"完善和落实领导干部问责制，完善从严管理干部队伍制度体系"。

上述举例，可以充分说明责任制在当前的制度改革进程中扮演着重要角色，加强责任制建设的思路已经渗透到全面深化改革的各个领域。

这里所说的"责任"大多指责任制语境中的"责任"概念，至少有两个含义。

第一，指工作职责、职业要求或岗位责任。一定的工作岗位或职业都有一定的规范要求，"党风廉政建设责任制"、"行政执法责任制"表述的"责任"是指岗位职责。

第二，指行为主体对行为后果承担责任。"生态环境损害责任终身追究制"，"领导干部问责制"表述的"责任"就可以从这个角度予以理解。

这两个"责任"的含义是一致的，前者给出了岗位责任的界定，后者从责任追究的角度表述违反岗位责任的制度制约。这两个含义完整表达了岗位责任实践的全过程，不仅提出事中的责任要求，还有事后的问责机制，二者的结合才真正表达责任践履的意义。

如果没有责任制度尤其是责任追究制度作保障，制度改革是有缺陷的，制度的自我完善几乎是不可能的。在工作实践中引入问责制，明确在机制体制改革过程中要实施责任追究制度，这就使更加成熟更加定型的制度体系建设具有可操作性和现实性。

建设更加成熟更加定型的责任制度是建设更加成熟更加定型的社会主义制度体系的基础。

第四章　趋向负责任的生活方式

随着全面深化改革事业的不断推进，精神文化层面遭遇越来越多新的挑战。大国的和平崛起，不仅仅体现为物质文明的富裕，还体现为精神文明的富足，体现为理论的自信、文化的自信、价值观的自信。树立价值观的自信，需要我们构造合理的、有时代感的价值观体系，需要我们建构新型的、有中国特色的责任伦理。树立价值观的自信，需要我们加快推进责任社会的建设，倡导人们过一种负责任的生活方式。

在建构新型的责任伦理、倡导负责任的生活方式的过程中，我们需要吸取全世界优秀的人类文明成果，借鉴各种有价值的思想资源和文明传统，取长补短，融汇创新。可资借鉴的思想资源包括经过了现代诠释的儒家伦理、西方的启蒙思想传统、犹太的责任伦理资源、马克思主义的责任思想尤其是中国马克思主义者的责任观念，等等。

一、儒家责任伦理：责任人格①

建构新型责任伦理，建设责任社会，需要借鉴儒家的责任伦理思想资源，尤其是经过了现代新儒家消化的责任伦理思想。

在西方思想界，自马克斯·韦伯提出责任伦理概念以来，汉斯·约纳斯（Hans Jonas）、列维纳斯（Emmanuel Levinas）等当代思想家都对责任伦理问题有所论述。责任伦理概念被引入中文世界后，也引起热烈的学术讨论，其中涉及的主要问题包括：如何界定责任伦理概念的内涵？是否可以设想一种与韦伯的论述不同的儒家责任伦理观念？儒家有一套关于责任伦理的话语体系吗？能否用责任伦理和信念伦理这对概念来理解现代中国的政治行为？在当代中国，上述问题的讨论不仅具有学术史的意义，而是显现出强烈的现实意义。随

---

① 本节的相关内容，可参见顾红亮：《儒家责任伦理的现代诠释与启发》,《河北学刊》2015 年第 3 期。

着问责制的推广，责任伦理的讨论对于国家治理能力的现代化水平的不断提升具有更加直接的意义。

我试图从现代新儒家如何诠释责任概念这个角度介入讨论，联系当代的语境，对儒家责任伦理概念作一个理论的阐发，重点讨论儒家责任伦理是否可能的问题。这个问题被分解为三个话题：第一，简要梳理中文学术界对儒家责任伦理概念的争论，对其内涵进行重新定位；第二，以贺麟和冯友兰为例，从他们对儒家责任概念的阐发来看现代新儒家对儒家责任伦理的可能性话语诠释的不同路向；第三，儒家责任伦理话语的讨论对当代中国的社会转型提供怎样的启发和借鉴意义？

（一）存在一种儒家责任伦理吗？

存在一种所谓的儒家责任伦理吗？要回答这个问题，必须从韦伯的论述开始。

韦伯在《以政治为业》中提出，热情、责任感和判断力三种素质对于一个政治家来说尤为重要，政治家首先需要热情，为事业献身的热情；光有热情还不够，还需要有责任感，为自己的行动后果担负责任的责任感；在行动中，政治家需要作出正确的判断，以更好地服务于自己所从事的事业。[①] 在

---

① 参见韩水法编：《韦伯文集》（下），中国广播电视出版社 2000 年版，第 448—449 页。

此基础上，韦伯提出信念伦理和责任伦理的概念区分。责任伦理意味着政治家必须为他的行动及其后果负责。在人类的合理政治行为中，必须从行动的后果出发，而不是从善良的动机、伟大的信念出发。

林毓生用韦伯的这组概念来研究中西政治秩序的异同，认为中国政治文化偏重讲信念伦理，西方政治文化偏重讲责任伦理。“一个肩负着深切责任感的政治家必须坚持自己的立场，他必须说：‘这是我的立场，绝不能改变！’这种表现与传统中国书生认为政治只是道德范畴的延伸，墨守成规，一事无成，有所不同。”① 中西政治文化的差异直接关联着中国政治的秩序和结构。“中国人能够以宁可玉碎，不为瓦全的方式造反或搞革命，也能忍气吞声，为了小我的自私承受统治阶级的宰使；但是，中国人就是不易坚持‘责任伦理’的精神来建设自由与民主所必需的法治基础。”② 林毓生认为，从历史上看，中国缺乏责任伦理精神，而责任伦理是建设民主政治秩序所必需的。

林毓生认为，相对而言，激进派的观点偏向信念伦理，渐进派的观点偏向责任伦理。“对于根据‘责任伦理’的观

---

① 林毓生：《中国传统的创造性转化》，三联书店 1988 年版，第 382 页。
② 同上书，第 129—130 页。

点行事的人而言，他觉得世界上没有十全十美的人，也没有十全十美的事；把自己行为的意图定得十全十美，并不能使世界变得十全十美。政治上只能渐进，只有渐进才能得到实在的效果；他应该熟虑他的政治行为可以预见的后果，并对其负责。他认为他在政治上的决定与行为的后果，只要能够预想得到，他便要自己承担起来，并不要转移到别人的肩头上。”①所以，林毓生说：“以‘责任伦理’为出发点的政治行为是比较切实而合乎人道的行为。”②现代中国的政治家有必要以责任伦理为行事原则，借鉴现代西方的责任伦理思想，推进中国的民主法治进程。

林毓生上述关于责任伦理有两个论点：第一，中国文化高度发展信念伦理，而非责任伦理；第二，责任伦理是现代民主政治遵从的伦理原则。蒋庆对林毓生的这两个观点提出批评。

首先，蒋庆指出，林毓生把中国文化视为倡导信念伦理的文化，这个判断是对儒家文化的误读。在蒋庆眼里，儒学分生命儒学和政治儒学，生命儒学以宋明的心性之学为代表，

① 林毓生:《中国传统的创造性转化》，三联书店 1988 年版，第 379 页。

② 同上书，第 380 页。

政治儒学以汉代的今文经学为代表。“政治儒学产生于制度性的焦虑，其焦虑的对象是政治的价值、制度的意义、规范的设立、政制的改进；生命儒学则产生于实存性的焦虑，其焦虑的对象是生命的价值、存在的意义、道德的增进、人格的完善。”①政治儒学追求王道的实现，生命儒学追求圣人人格的实现。笼统地把中国文化称为信念伦理的文化，并不确切。准确地说，生命儒学是以信念伦理为主的儒学。与之相应，政治儒学是以责任伦理为主的儒学。从这个角度出发，蒋庆不同意林毓生的论断，提出中国儒家政治文化中有较多的责任伦理思想资源。蒋庆说：“林先生由此以宋明儒学来涵盖中国文化，从而得出中国文化高度发展了心志伦理，缺乏责任伦理的结论，并把近代中国政治激进主义归咎于中国文化，笔者以为就过于笼统了。”②

其次，蒋庆认为，林毓生把责任伦理看成是现代伦理的观点是不准确的。林毓生把责任伦理看作现代民主政治的“先决条件”，是现代性的产物，由此自然得出中国古代缺乏责任伦理思想的结论。蒋庆在阅读韦伯的文章后指出，韦伯没有说责任伦理是现代的，只是说责任伦理是有志业的政治

① 蒋庆：《政治儒学》，三联书店 2003 年版，第 131 页。
② 同上书，第 130 页。

家必备的一个基本素质。林毓生对韦伯的观点作了自己的发挥，强调中国传统的创造性转化的观点。蒋庆认为，人类任何时代的政治中，都可以找到责任伦理的资源，中国的儒家政治也不例外。①

在驳斥林毓生关于责任伦理的两个观点之后，蒋庆正面阐释儒家政治儒学中的责任伦理思想资源。他分别从九个方面来论述儒家的责任伦理。例如，“责任伦理认为，在现实政治中存在着目的与手段之间的紧张关系，其原因是善的目的往往要凭借着道德上成问题的手段来达成，如何化解目的与手段的紧张而达至中道，则是最高的政治艺术”；“责任伦理认为，现实的世界具有不完善性，现实的政治亦具有不完善性，并且现实政治中所面对的人是具有缺陷的平常人，这反映在政治运作上，就决定了政治目标要受到现实的制约，现实与理想之间具有差距，故在采取具体的政治策略时就要根据现实可能接受的情况使理想、信念、终极目标有所退让、妥协，以渐进、务实、有效、折中的方式和手段来达至理想”；等等。②这九个方面是韦伯的《以政治为业》文章中的主要观点。

---

① 参见蒋庆：《政治儒学》，三联书店 2003 年版，第 152—153 页。
② 同上书，第 132—134 页。

蒋庆逐条挖掘儒家的责任伦理资源，限于篇幅，在此不作具体的介绍。他概括的责任伦理九条体现了他对于政治儒学的认识，表明他的一个基本观点：中国儒家文化在高度发展了信念伦理的同时，也发展了责任伦理。他认为，中国今后的政治形态要从政治儒学中转化，而不是从生命儒学中转化，因此，现在重新认识儒家的责任伦理，显得尤为必要。

李明辉撰文肯定蒋庆从公羊学中阐发政治哲学资源，但对蒋庆的责任伦理阐释提出问题，认为以孔子和孟子为代表的儒家思想包含信念伦理学（存心伦理学）与责任伦理学两个面向，如何将这两种伦理学统一起来？蒋庆在批评林毓生观点时阐发政治儒学中的责任伦理思想，没有就信念伦理学和责任伦理学的统一问题作出回答。

李明辉通过对康德、韦伯伦理学的分析，得出结论：信念伦理学和责任伦理学两者在逻辑上可以兼容，而且前者可以蕴含后者。他说："康德伦理学通常被视为'存心伦理学'之典型。但在此要特别指出的是：这种意义的'存心伦理学'未必会排斥对于行为后果的考虑，因而在逻辑上可以蕴含韦伯所谓的'责任伦理学'。这点很清楚地显示于康德伦理学之中。不仅如此，笔者还进一步指出：韦伯的'责任伦理学'

必须在一般伦理学的层面上预设康德式的‘存心伦理学’，否则它无法与韦伯所鄙视的‘权力政治’在原则上区别开来。只有在这个意义上，‘存心伦理学’与‘责任伦理学’才可能统合起来。”① 李明辉没有就信念伦理学与责任伦理学统一的细节作出描述，但是对两者统一的可能性作出理论说明。

韦伯虽然认为信念伦理与责任伦理是不可调和的两个伦理原则，但也指出：“信念伦理与责任伦理并不是绝对对立的，而是相辅相成的，它们合起来才能造就真正的人，即能够‘接受召唤去从事政治’的人。”② 从这个角度看，李明辉的见解颇合韦伯之意。

林毓生和蒋庆对于儒家是否有韦伯意义上的责任伦理有不同的看法，我认为，儒家包含特定的责任伦理，尽管儒家的责任伦理和韦伯的责任伦理有不同的含义。伸展开来看，在一般的意义上，传统儒家思想中包含很多责任思想，尽管这些责任思想不一定是韦伯所说的责任伦理。

张东荪说：“在中国思想上，所有传统的态度总是不承认

---

① 李明辉：《儒家视野下的政治思想》，北京大学出版社2005年版，第117页。

② 韩水法编：《韦伯文集》(下)，中国广播电视出版社2000年版，第464页。

个体的独立性……总把个人认作‘依存者’。不是指其生存必须倚靠于他人而言，乃是说其生活在世必须尽一种责任，即无异为了这个责任而生。”① 在中国古代社会，个人身上背负着责任的“十字架”，个人的生命展开过程即是践行责任的过程。郝大维和安乐哲说：“成为一个有儒学思想的人，与成为一个具杜威式思想的个人一样，包含利他与接受同一个世界成员们给予的利益。这一世界是一个相互忠诚，相互承担义务的世界，而这种相互的忠诚与义务起着激励人的作用，并有助于界定一个人的价值所在。”② 忠诚和义务成为界定儒家式个人的两个基本价值原则。

在西方，社会契约论承认有一个自然状态，在此状态中，人是自私的，暴力性的，不负责任的。在达成协议、结束自然状态之后，人才成为责任主体，成为有义务遵守契约和法律的公民。在儒家思想中，责任与人直接相连，每个人都担负应有的责任，不仅为自己负责，而且为天下、为国家、为与家族相关的每一件事负责。责任性刻画出儒者的基本存在

① 张东荪：《理性与良知——张东荪文选》，远东出版社 1995 年版，第 435 页。

② 郝大维、安乐哲：《先贤的民主》，何刚强译，江苏人民出版社 2004 年版，第 108 页。

特征，成为仁的基本品格。

在日常生活中责任的担负与履行，应遵循一定的礼仪，通过礼仪的学习与规训，人们更加明确责任之所在与责任之如何为。正如李晨阳所说："儒家认为，人类社会是一个互相依存的整体，而不是一个由原子式的，只顾私利的，以个人权利为武装的个人按照契约所建立起来的团体。作为人类社会的成员，我们都有自己的社会角色，都有自己的社会义务。这些社会角色，社会义务，是我们做人的道路。"① 当然，儒家的责任伦理思想需要从多个方面予以总结和诠释。

德国学者罗哲海（Heiner Roetz）在《轴心时期的儒家伦理》中提出，可以从复礼的角度诠释儒家的责任伦理。"尽管儒家的某些倾向令人联想起所谓的心态伦理学，但实际上却是依循后习俗之责任伦理学运作的典型。如果我们把'礼'理解为社会之伦理生活，那么责任伦理学的要旨就是《论语·颜渊》中所提出的'复礼'。"② 罗哲海的论述启发我们，如果我们换一个角度思考，不囿于韦伯的责任伦理概念的界

---

① 李晨阳：《道与西方的相遇》，中国人民大学出版社 2005 年版，第 139—140 页。

② 罗哲海：《轴心时期的儒家伦理》，陈咏明、瞿德瑜译，大象出版社 2009 年版，第 240 页。

定，赋予责任伦理一个儒家式的界定，那么，上面提到的儒家的责任思想，自然可归入责任伦理的范畴。

这里所说的责任伦理的儒家式界定，指不是从与信念伦理相对的角度，而是从责任人格形塑的角度来考察责任伦理，把儒家责任伦理理解为以塑造仁智统一的道德责任人格为目的的伦理话语体系。以此观之，儒家传统中蕴藏着丰富的责任伦理思想资源，存在一种所谓的儒家责任伦理。

简要地分析，在中文语境里，责任概念至少有三种不同的含义。

第一，指道德规范或者道德良知，它告诉我应该有责任地去做某一件事情。这是我的本分，说明我有责任在身。这是责任一。

第二，指我愿意而且有能力为自己的行为后果承担责任，为可能出现的行为后果而负责任。这是责任二。

第三，指把责任理解为一种美德或人格境界。据此，可以设想一种责任人格。不管环境如何变化，责任人格一定会竭尽全力地履行责任，尽好责任。这是责任三。

这样，我们得到三种责任话语，即有责任、负责任、尽责任。按照责任一、责任二、责任三这三层含义来界定责任伦理，我们可以区分出三种不同的责任伦理资源。第一是有责的责任伦理，第二是负责的责任伦理，第三是尽责的责任伦理。

如果说第二种责任伦理是比较典型的韦伯式的责任伦理，那么，第一、第三种责任伦理是大多数儒家所珍惜和欣赏的责任伦理。有些现代新儒家已经在发挥儒家的责任伦理资源方面做了一些尝试性工作。例如，贺麟提出儒家的单向义务论，力图阐发一种有责的责任伦理。冯友兰提出儒家的道德境界论，着力阐发一种尽责的责任伦理。

（二）儒家责任伦理的内涵：单方面义务

儒家责任伦理是否可能？如果我们可以大体描绘儒家责任伦理的基本内涵，那么我们距离答案已经很近了。

我们现在讨论儒家责任伦理，主要不是复古式地讨论春秋战国或者宋明时期的儒家责任伦理，而是讨论在现代性的语境中如何诠释儒家责任伦理的现代内涵。在这方面，现代新儒家已经作出了一些创造性的尝试，大致解答了儒家责任伦理可能性问题中的两个难题：

第一个难题，如何从儒家的礼教中提炼出具有现代意蕴的责任伦理内涵，适用于现代人的生活？

第二个难题，在日常生活中，如何使儒家责任伦理进一步内化为责任境界或责任人格？

这两个难题构成了儒家责任伦理可能性话语的主要内容。贺麟和冯友兰两位现代新儒家分别对这两个难题作了一定的探索。

贺麟在检讨儒家的三纲五伦说的时候，提出单方面义务论，阐发古代儒家责任伦理的现代意义。古代儒家伦理或礼教的核心在于三纲五伦说，它长期支配着中国人的道德生活。近代以来，谭嗣同、陈独秀、鲁迅等思想家激烈批评三纲五伦说，认为它束缚人的个性，养成奴性人格，制约中国人自身的创造力和对西方思想的接受。贺麟运用他的新心学思辨功夫，梳理出五伦观念包含的四个“基本质素”，其中之一是指单方面的义务，这构成儒家礼教和儒家责任伦理的核心思想。

何谓单方面的义务？贺麟认为，在三纲五伦说中，它包括以下两个含义。

第一，指臣、子、妇向君、父、夫尽单向的绝对义务。

君臣、父子、夫妇都是人的社会角色，个人在社会交往中形成一定的社会关系，遵循相应的伦理规范。为君者可以没有为君者的样子，但为臣者却不可以没有为臣者的样子。为父者可以没有父亲的样子，但身为人子却不可以没有人子的样子。在五伦中，人与人的关系是相对的，尽义务是双向的。为君者要守君道，为臣者要守臣道，两者是相互的。如果为君者不尽君道，为臣者可以不尽臣道。如果为臣者不尽臣道，为君者可以施加惩罚。

三纲说的出现打破了五伦关系的相对性和义务的双向性，使君臣、父子、夫妇的义务关系成为单向，而且更加严厉，这样做的一个好处是维持社会秩序的稳定性，严格防止出现臣弑杀君、子不孝父、妇不尽妇道的不良社会现象。“三纲说要补救相对关系的不安定，进而要求关系者一方绝对遵守其位分，实行单方面的爱，履行单方面的义务。”①

第二，指对位分、纯道德理念尽单向之责。

贺麟用柏拉图的理念论和康德的道德律论来诠释儒家礼教的道德观念，认为在三纲说提出道德的绝对要求之后，五常伦变成五常德，变成不得不服从的理想道德规范，相当于柏拉图的理念和康德的道德律令。例如，就君臣一伦来说，臣必须为君尽忠，即使在位的君主没有仁德，胡作非为，臣也必须尽忠，因为臣所忠的不是坐在皇位上的暴君，而是君的理念、君的名分，君的理念不会为某个暴君的所作所为而有所损伤，因此，为君之理、君之名尽忠是臣的职分或义务，这是单向的义务。

① 贺麟:《文化与人生》，商务印书馆 1988 年版，第 59 页。

贺麟认为，单方面义务说包含着儒家三纲五伦说的真义或本质，体现道德主体对于自身的人格期待、德性要求和坚毅精神，是在现代社会里还值得发扬的责任伦理。在贺麟眼里，单方面的义务说无疑具有普世性价值。他在三纲说或单方面义务说里发现其与西方思想相通的地方。如上文所说，就君臣一纲而言，臣必须就君之理念尽忠，这体现了柏拉图的理念思想；臣对君的尽忠是尽单方面的义务，这包含着康德的道德律思想。① 三纲说的这两方面内涵也和基督教的精神相一致。"耶稣伦理思想的特色，也是认爱为本身目的，尽单方面的纯义务，而超出世俗一般相互报酬的交易式的道德，实与三纲说之超出相对的自然往复的伦常关系，而要求一方尽绝对的单方面的义务，颇有相同的地方。" ② 基督教精神被贺麟认为是西方文化之体 ③，单方面义务说与基督教精神的相通意味着，在责任伦理层面，儒家礼教和基督教有共同的语言。

贺麟诉诸柏拉图的理念论和康德的道德律来论证单方面义务论的合理性，挑明儒家期待的人格是愿意为他者尽单方面义务的责任人格。他从饱受诟病的三纲五伦说中挖掘儒家

---

①② 贺麟：《文化与人生》，商务印书馆 1988 年版，第 61 页。

③ 参见顾红亮：《基督教精神如何进入贺麟心学之思》，《华东师范大学学报》2014 年第 5 期。

责任伦理的现代内涵，让“死灰”“复燃”出火星，体现了现代新儒家诠释责任伦理的一种诠释路径，即单方面论的路径。

（三）儒家责任伦理的内化：责任境界

贺麟向我们展示儒家责任伦理的核心内涵是尽单方面的义务，那么，如何使单方面义务的履行进一步内化为责任人格或者道德责任境界，冯友兰的新理学为我们提供了一个觉解论的诠释路径。

觉解是道德责任境界提升的关键词。两个人在日常生活中做同样的事，但是由于他们对所做的这件事的觉解程度不同，这件事情对于他们两人的意义就会不同。境界是意义的集合体。处在不同的人生境界中的个体，对于生活的意义会有不同的体会和觉解。冯友兰区分出自然境界、功利境界、道德境界、天地境界四类人生境界和觉解层次。与我们讨论儒家责任伦理最为切近的是道德境界。道德行为主要表现为承担道德责任的行为，道德境界也主要表现为道德责任的境界。

冯友兰在《新原人》中区分两种主要的道德责任，即人伦责任和职位责任，这一区分是根据人所处的两种基本关系作出的。人生活在社会中，牵涉到两种基本关系：一是个人与他人的关系；二是个人与职位、地位、身份的关系。冯友兰说："凡社会的分子，在其社会中，都必有其伦与职。"[①]

一方面，个人与他人的关系即伦，古代儒家讲五种主要的社会关系，即五伦。按照人伦关系的应该之理去处理个人与他人的关系，即尽伦，这是指人伦责任。

另一方面，个人在社会关系网络中，具有一定的位分、地位或岗位。"此某种位分，即表示其人与社会底关系，并决定其对于社会所应做底事……其所应做底不同底事，即是其职。"[②] 个人按照岗位的应该之理去做事，即尽职，这是指职位责任。

人在社会生活中担负一定的人伦责任和职位责任，每个人觉解和承担这些责任的程度是有差异的，有的人尽心，有的人不那么尽心，有的人觉解他们的责任伦理，有的人不完全觉解他们的责任伦理，因此，他们的道德境界自然会有差别。对于人伦责任伦理和职位责任伦理来说，他们都有一定的标准，最高的标准是理想的责任伦理标准。一旦人的责任行为达到理想的标准，才可说是尽伦与尽职。尽伦尽职是承担人伦责任伦理与职位责任伦理的极致，是尽性的表现，两者是典型的理想责任伦理行为。

---

①② 冯友兰：《新原人》，载《三松堂全集》第 4 卷，河南人民出版社 2001 年版，第 546 页。

冯友兰说："人则不但有其社会，不但于其中有其伦与职，并且可对之有觉解，或有甚深底觉解。对于伦与职有甚深底觉解，即知各种底伦与职，都有其理想的标准。其理想的标准，即是其理。人在实际上所处底伦或所任底职，都应该完全合乎其理。这应该的完全达到，在伦谓之尽伦，在职谓之尽职。是社会底是人的性，伦与职是社会中应有之事，所以尽伦尽职，都是尽性。"① 人对社会中的社会关系和岗位有觉解，觉解的深度不同，境界不同。对于道德境界中的人来说，他觉解到人所处的人伦与所任的职位有其理想尺度，如果人能在实践中把尽伦与尽职的行为做到理想的高度，把理想的尺度实现出来，那么，他就真正做到了尽伦与尽职，这个时候他的行为便是一个道德行为。

从责任伦理的角度看，尽伦与尽职是一种实践责任伦理的行为，伦与职的理想尺度标识在人伦与职位中的理想责任伦理，尽伦是在履行一种人伦责任伦理，尽职是在履行一种职位责任伦理，因此，尽伦与尽职可以理解为尽责。

宽泛地说，人伦责任也算是职位责任之一。按照冯友兰的界定，人在社会关系中承担一定的角色，与这些角色相应，人

① 冯友兰：《新原人》，载《三松堂全集》第4卷，河南人民出版社2001年版，第546页。

必须承担此角色的责任，这种角色也可以理解成为人在社会关系中获得的特殊职位，这样，人伦责任也就变成职位责任的一种。他说："一个人是社会上底某种人，即做某种人日常所做底事。用战时常用底话说，各人都站在他自己的'岗位'上，做其所应做底事。任何'岗位'上底事，对于觉解不同底人，都有不同底意义。因此，任何日常底事，都与'尽性至命'是'一统底事'。做任何日常底事，都可以'尽性至命'。"①每个人在日常生活中待人接物，相当于在自己的岗位上尽责，这个时候人伦责任伦理和职位责任伦理是统一的。

冯友兰从觉解论入手，阐发儒家责任伦理如何通过觉解内化为道德责任境界，提出两种责任伦理，即人伦责任伦理和职位责任伦理，进一步细化了贺麟的单方面义务说。在贺麟的新儒学中，单方面义务说还是一种抽象的论说，落实到社会生活中，义务分化为人伦责任和职位责任。无论是尽人伦责任伦理还是尽职位责任伦理，都指向责任境界或责任人格的不断提升的开放过程。

（四）儒家责任伦理话语的当代启发

现代新儒家贺麟和冯友兰为我们展示了如何从儒家礼

---

① 冯友兰：《新原人》，载《三松堂全集》第4卷，河南人民出版社2001年版，第508页。

教中汲取“单方面”的责任伦理观念，从觉解论的角度剖析儒家责任伦理内化为道德责任境界的可能性，提供了单方面论和觉解论两种诠释路径。他们对儒家责任伦理的现代诠释与发挥打开了一个窗口：儒家责任伦理是可能的，儒家传统可提供丰富的责任伦理资源，滋养现代人的伦理生活和精神生活。

在当代社会的转型期间，我们需要什么样的儒家责任伦理？这依然是一个开放的话题。从学术界关于儒家责任伦理的可能性的讨论中，可以引出对于当代社会转型的几点启发。

第一，儒家责任伦理的讨论促使人们反思理想人格的目标定位。

学术界关于儒家责任伦理的争论，引出关于责任人格塑造、反思自由人格与责任人格之间关系的话题。新文化运动以来，个性解放成为一个鲜明的哲学主张，成为当时的马克思主义者、自由主义者和传统主义者的共同立场。个性解放的另一个表述是个性自由，个性自由是中国近现代自由人格的主要特征之一。许多哲学史家承认，在中国近现代哲学史上，自由人格被刻画成典型的理想人格。

同时我们也注意到，近现代中国哲学家在追求自由人格的同时，并没有忽略责任人格的形塑。贺麟和冯友兰对儒家责任伦理的诠释已经昭示这一点：责任人格是底线，是自由人格的前提。人们可以设想一下，缺乏责任担当的自由人格将会是一种怎样的人格？很可能会演变成为随心所欲式的自由人格，甚至演变成为为所欲为式的自由人格。为所欲为式的自由人格是丧失了责任伦理内涵的人格，实质上将导向不自由的人格处境。真正的理想人格是内蕴责任伦理的自由人格。

对于当代人来说，责任人格的塑造不能仅仅局限于贺麟所说的单方面的义务，也不能仅仅局限于冯友兰所说的觉解程度，还需要有更广阔的实践场域，通过社会风气的滋养、制度环境的约束、经济秩序的规范等举措，培养富有责任感和责任心、责任能力强的人格。

第二，儒家责任伦理的话语可为问责制的健康推行提供理论支撑。

从当代中国社会的现实来看，问责制的有效推行是社会治理水平不断提升的一个主要体现。在一些重大的社会安全事故或者事件发生后，一些主管的官员干部被纷纷问责，有的被迫辞职，有的受到行政或党纪处分，有的被移交司法机关审判。官员被问责的现象逐渐成为人们日常生活的一部分。从理论上辨析，问责制确立的背后是对责任观念的确证和对责任伦理的认可。

儒家责任伦理话语重视单方面的尽责义务（贺麟），重视责任境界和责任人格的建构（冯友兰），从长远来看，这些观念对于构建一个健康的问责制度和治理环境，是必要的。问责制度直接追究的是职位责任，追究的是某些领导干部在自己的岗位职责上的失责表现或过错表现，追究职位责任的背后是对领导干部的人格的拷问，人们拷问的是：在位者是否有一个敢于担当的责任人格？责任人格的挺立是对职位责任伦理、人伦责任伦理的有力支撑，是社会治理能力提升的人格保障。

第三，儒家责任伦理对于公民道德建设有一种助推作用。

在当代社会中，义务和权利是一对互相伴随的概念。人们普遍接受公民的权利和义务对等的观念，享受一定的公民权利，一定有与之相对应的公民义务需要履行。例如，法律规定公民享有言论、出版、信教等自由的权利，同时须尽纳税、服兵役等义务。有人会问：权利和义务对等的观念是否和儒家的责任伦理相冲突呢？贺麟讲尽单方面的义务，冯友兰讲尽伦和尽职，都是讲履行义务的重要性，较少提及权利，这是否表明儒家责任伦理的过时性呢？答案是否定的。

这里我们需要区分两对概念，即法律权利与法律义务、道德权利与道德责任。法律权利与法律义务的对等性不等于说道德权利与道德责任也一定是对等的。在一些现代新儒家眼里，道德权利是承担道德责任的产物，没有履行道德责任伦理，而要求道德权利几乎是一种奢求。儒家责任伦理要求人们先尽单方面的义务，先锤炼自己的责任人格，不把争夺权利放在第一位。[①] 可以说，讲儒家责任伦理和讲对等的权利义务关系是互补的。利用儒家责任伦理思想，辨析清楚权利、义务概念的法律和伦理意义，可以帮助我们认清公民道德建设的方向和内容，加大公民道德推行的力度。

二、西方启蒙思想：负责的启蒙[②]

建构新型责任伦理，建设责任社会，需要借鉴西方启蒙思想家的责任思想。这里以康德的启蒙思想为例。

随着西方启蒙理性的发展，启蒙带来的理性灾难、文明

① 参见顾红亮：《梁漱溟的责任观与责任的层级》，《天津社会科学》2014年第5期。

② 本节的相关内容，可参见顾红亮：《启蒙与责任——康德和“五四”思想家的启蒙观》，《天津社会科学》2007年第1期。

灾难已经使人们深受其害，如人凭借理性能力发明的技术反过来控制人，启蒙理性告诉人有能力认识和改造自然，然而无节制地改造自然不是更好地营造而是恶化人们的生存环境。当代社会的现实状况使知识分子纷纷谴责启蒙运动和理性哲学，对启蒙运动以来的西方理性传统多加指责，尤以霍克海默和阿多诺的《启蒙辩证法》为最，他们对启蒙的批评火力主要集中在对理性的批评上。霍克海默和阿多诺指出，启蒙运动在解放人的同时，也强化了奴役人的力量。启蒙理性在凯歌行进的过程中，也创造了毁灭自身的力量。在某种意义上，启蒙运动的理性力量已经把启蒙信念给打垮了。“启蒙运动是极权主义的”。①

虽然霍克海默和阿多诺对启蒙理性多有微词，但是，他们并不反对启蒙与理性本身，而是反对关于启蒙与理性的神话。现代性的发展不断制造启蒙理性的神话，致使启蒙理性处于自我矛盾的境地。因此，理性在当代社会成为众矢之的。批判理性的矛头直指启蒙事业。

针对这种状况，我想指出另一种情况，理性固然有不完善的地方，但是不能把启蒙与现代性的罪责全归到理性的头上，

① 霍克海默：《启蒙概念》，载上海社会科学院哲学研究所编：《法兰克福学派论著选辑》上卷，商务印书馆 1998 年版，第 120 页。

其实，真正的问题在于我们自身，我们从一开始就对启蒙的理解有偏差，把启蒙几乎等同于理性。张申府直截了当地指出："启蒙运动其实就等于理性运动。"[①] 这个启蒙观本身就是有问题的，是对康德启蒙观念的误读。要正确理解启蒙，我们必须重新阅读康德的文章《答复这个问题："什么是启蒙运动？"》。

康德关于启蒙的定义是："启蒙运动就是人类脱离自己所加之于自己的不成熟状态。不成熟状态就是不经别人的引导，就对运用自己的理智无能为力"。[②] 这话特别点出了理性与启蒙的密切关系。一些学者侧重从理性的视角来理解康德的启蒙定义，把启蒙视为理性的自我运用。我觉得这个理解是不完整的，是有所偏向的。康德这个经典的定义不仅指出了启蒙与理性的关系，而且指出了启蒙与责任的连带关系。

启蒙与责任的连带关系主要体现在两方面。

一方面，人类运用自己的理性不仅是可能的，而且是必要的，理性的运用是自身担负的一种责任。

理性的运用就是要把我们从不成熟的状态中解放出来。对于这种"解放"，福柯（Michel Foucault）指出："他（指康

① 《张申府文集》第1卷，河北人民出版社2005年版，第289页。

② 康德：《历史理性批判文集》，何兆武译，商务印书馆1996年版，第22页。

德）形容它是一个现象，一个正在进行的过程；但他也把它表述为一个任务和责任（义务）。从第一段起，他指明人本身应对他的不成熟状态负责。”① 康德把个人从不成熟状态脱离出来的理性化要求视为一种责任。一个人只有把理性的运用看作是自己的责任，才有可能成为启蒙的人。

康德举了一个启蒙的国王的例子加以说明。国王应该怎么做才算是一个启蒙者呢？“他认为自己的义务就是要在宗教事务方面决不对人们加以任何规定，而是让他们有充分的自由，但他又甚至谢绝宽容这个高傲的名称；这位国君本人就是启蒙了的。”② 启蒙的国王的义务或责任在于运用自己的理性，不干涉别人的自由，使别人也有运用理性的自由。当理性运用成为一个人的责任的时候，他离启蒙者的位置也就不远了。

在《纯粹理性批判》中，康德对知性（understanding）与理性（reason）范畴作了区分。两者都是指逻辑思维能力，但有不同的逻辑形式，知性与判断相连，理性与推理相连。理性不满足于知性所得的知识，试图寻求知识的最高的统一性。

---

① 福科：《什么是启蒙？》，载汪晖、陈燕谷主编：《文化与公共性》，三联书店 2005 年版，第 425 页。

② 康德：《历史理性批判文集》，何兆武译，商务印书馆 1996 年版，第 29 页。

人的认识能力的发展体现为由感性到知性再到理性的过程。

当然，按照肯普·史密斯（Norman Kemp Smith）的说法，康德也常常把知性和理性等同，把心灵区分为感性和主动性两种功能。[①] 尽管康德对理性概念的运用比较复杂，其含义也多样，但是有一点含义是基本的，那就是指批判思维能力，对经验或知识进行批判性考察的能力。我们大致可以在这个意义上来理解康德的启蒙理性概念，就像福柯所说："在某个意义上，批判是在启蒙运动中成长起来的理性的手册，反过来，启蒙运动是批判的时代。"[②] 当这种理性能力被误用的时候，也就是被不负责任地使用的时候，理性已经背离了自身的含义，它不仅不再批判地考察对象，而且不再批判地考察自己。从这个意义上说，责任性是理性内涵的应有之义。

另一方面，理性的运用有两种形式，一是公开运用理性，二是私下运用理性。启蒙所要求的是前者。这里，公开的运用包含着负责的运用的意思。

康德举的关于私下和公开运用理性的例子有助于说明这个问题。康德说，一个牧师在运用理性时有不同的情境。当

① 参见李泽厚：《批判哲学的批判》，人民出版社 1979 年版，第 204 页。

② 福科：《什么是启蒙?》，载汪晖、陈燕谷主编：《文化与公共性》，三联书店 2005 年版，第 428—429 页。

他作为一个牧师在演讲宗教教义时，哪怕他面对众多的听众，他仍然是在私下运用理性；而当他作为一个学者在演讲时，他是在公开运用理性。为什么呢？“作为一个学者，他却有充分自由，甚至于有责任，把他经过深思熟虑有关那种教义的缺点的全部善意的意见以及关于更好地组织宗教团体和教会团体的建议传达给公众。”①学者是在负责任地运用理性，自由地表达自己的意见。这种理性的运用被称为公开的运用。而牧师的演讲则不同，牧师是教会任命的职位，他必须按照教会的要求去演讲，虽然，他在演讲中也是在很负责任地发表自己的想法（其实是教会的想法），但那是在履行他的职业道德。如果他不负责任，他有可能被解除职务。

康德认为，启蒙理性的运用指的是公开的运用，而不是私下的运用。“我所理解的对自己理性的公开运用，则是指任何人作为学者在全部听众面前所能做的那种运用。一个人在其所受任的一定公职岗位或者职务上所能运用的自己的理性，我就称之为私下的运用。”②由此可见，启蒙的过程不仅是一个理性化的过程，而且是一个公开地、负责地运用理性的过程。

---

① 康德：《历史理性批判文集》，何兆武译，商务印书馆1996年版，第25页。

② 同上书，第24—25页。

责任是启蒙观念的内在成分之一。换言之，启蒙主体不仅是理性的主体，而且是负责的主体，是对理性负责的主体。

启蒙理性的公开运用之所以必须是负责任的运用，是因为理性的运用存在着被误用的可能。对此问题，与康德同时代的犹太启蒙思想家摩西·门德尔松（Moses Mendelssohn）有着更深的认识。他指出："启蒙的误用弱化道德情感，导致铁石心肠、利己主义、无宗教和无政府主义。"① 这是启蒙理性被误用所导致的最可怕的结局。门德尔松的警告已经在现代生活中部分兑现了。

进一步说，负责的启蒙主体有两个层次的含义。第一个层次，抽象地说，当主体为自身的理性运用而负责的时候，这类主体（人）是自我负责的主体。第二个层次，具体地说，根据康德的定义，启蒙要摆脱不成熟状态，个人摆脱不成熟状态可能需要"我"的引导，由"我"来启蒙别人运用理性，这样，"我"就为别人的启蒙而担负责任，这个时候，"我"作为责任主体不仅仅是自我责任的主体，而且是为他人负责的主体。在这两种责任主体中，前者是基础。人作为自我负责的主体是主要的启蒙观念之一。

---

① Moses Mendelssohn，*Philosophical writings*，Cambridge University Press，1997，p.316.

启蒙与责任的连带关系还可以从另一个角度加以理解。运用理性的一个目的是祛除不成熟状态，开民智与新民德。从开民智的角度看，责任主体的责任性体现在对真理的追求，为真理负责。“他”敢于坚持真理，敢于和任何与真理背道而驰的力量作斗争。从新民德的角度看，责任是基本的道德价值。按康德的观点，责任主体的行为之所以具有道德价值，是因为该主体的行动出于责任，而不是合乎责任。出于责任是关乎行动者动机的问题，而合乎责任是关于行动结果的问题。

在现代思想家中，韦伯对责任问题有较深的认识。他从伦理原则的角度谈及这个问题。他谈到新教伦理与资本主义精神的关系，认为西方的现代化是一个合理化的进程。这个进程涉及责任伦理与信念伦理的关系。韦伯认为责任伦理高于信念伦理。在社会的合理化过程中，责任伦理发挥着更加重要的作用。换言之，只有合理化与责任伦理的相互配合，现代化进程和启蒙事业才会取得成功。韦伯对启蒙以来的现代化进程与责任伦理之间关系的认识，无疑是对康德以来的西方启蒙观的一个发挥。

总之，康德的启蒙概念不仅与理性有关，而且与责任有关，既指理性的启蒙，又指负责的启蒙。我们在运用理性能力的时候，要公开地、负责任地加以运用。

三、犹太责任伦理：为他责任[①]

建构新型责任伦理，建设责任社会，需要借鉴犹太的责任伦理思想资源。

前面谈到当代中国人的责任焦虑现象，比责任焦虑更为严重的现象是责任的异化。一些犹太思想家在反思大屠杀和“平庸的恶”的话题时触及这个话题。当代一些犹太思想家用犹太责任伦理思想做背景，深入检讨责任的异化问题，这有助于我们正视当代中国社会的责任危机及其消极后果。

（一）平庸的恶与现代性的隐忧

犹太裔哲学家汉娜·阿伦特（Hannah Arendt）在《艾希曼在耶路撒冷》（Eichmann In Jerusalem）一书中提出了一个深刻的观念：“平庸的恶”或“恶的平庸”（the banality of evil）。尽管这个观念和反犹主义、大屠杀、纳粹主义联系在一起，但它已经成为现代性讨论的重要话语之一。它与现代性的关

① 本节的相关内容，可参见顾红亮：《现代性与责任的异化》，《新史学》第8辑，大象出版社2007年版。

联主要体现在："平庸的恶"这个说法引出一个反思现代性的问题：像艾希曼这样一个普通的社会成员，为何在一个现代文明秩序里犯下如此的滔天罪行？艾希曼曾任德国保安总局犹太处处长，被认为是对欧洲犹太人进行大屠杀的主要组织者和指挥者之一。

艾希曼的罪责究竟是一种怎样的"恶"呢？这是一个颇有争议的话题。阿伦特认为，这是一种"平庸的恶"。爱莲心（Robert E. Allinson）在他的长篇论文《平庸化的恶魔：艾希曼在耶路撒冷的出色表演》中对阿伦特的观点提出严厉批评，指出"恶决不是平庸的"，"用'平庸'来解释恶行是一个大错误"。[①] 他认为杀人犯不是普通人或平庸者，而是恶魔。我赞成阿伦特的观点，把艾希曼的"恶"妖魔化是一个简单的做法，把这个问题的深度削平了。

从一方面看，如爱莲心所说，为恶者（如杀人犯）不是普通人，因为普通人在正常情况下不会杀人；从另一方面看，为恶者就是普通人。前一句话说出了一个妇孺皆知的事实，后一句话揭示了令人深思的现代人的生存困境问题。我感兴趣的不是前者描绘的事实，而是后者勾勒的问题。

---

① 参见爱莲心：《平庸化的恶魔：艾希曼在耶路撒冷的出色表演》，顾红亮、李同乐译，《新史学》第 8 辑，大象出版社 2007 年版。

上述问题的有意思之处在于：如果我们把艾希曼看作文明社会的一分子，看作现代性制度下生活的普通公民，那么，艾希曼的“恶”本质上是一个文明社会的“恶”，是现代性自身所具有的“恶”，而不单单是个人之“恶”。正如当代英国犹太裔思想家鲍曼（Zygmunt Bauman）所说：“大屠杀在现代理性社会、在人类文明的高度发展阶段和人类文化成就的最高峰中酝酿和执行，从这个意义上来说，大屠杀是这一社会、文明和文化的一个问题。”①

按照文明社会的理论，一个普通的公民应该有责任去维护公正的社会秩序，扫除和净化社会制度内种种“恶”的现象。然而，在纳粹制度下，普通公民的道德责任隐匿了。面对纳粹对犹太人的屠杀，有的人采取了冷漠、不理睬的态度，有的人直接参与了这场残局，不以杀戮（犹太人）为“恶”事。因此，此种“恶”不仅是个人的“恶”，更主要的是，它已经成为一个社会的“恶”，亦即“平庸的恶”。作为善的象征的责任被异化了。所以，对“恶”的讨论必须转入对社会的现代性、文明性的讨论。由此，阿伦特的“平庸的恶”的话题就变成现代性话语，透视出一种现代性的隐忧。

---

① 鲍曼:《现代性与大屠杀》，杨渝东等译，译林出版社2002年版，第5页。

阿伦特提出“恶”的问题基于耶路撒冷法庭对艾希曼的审判和艾希曼的自我辩护。艾希曼的辩护多少有为自己的罪责开脱的嫌疑。他认为自己是整架社会机器中的一只齿轮，他的恶行只是服从上级命令的结果。因此，在杀戮犹太人的事件中，他不应该承担所有的责任。

从政治合法性的角度看，艾希曼的自我辩护似乎有一定的道理，但是从人道性、伦理性的角度看，这样的辩护是苍白的。当人们追究道德良心（善）的作用机制时，会发现人的行为不仅有个合乎规则（法）的问题，也有个合乎良心的问题。真正个人的良心在一定范围内是可以普遍化的，因而是社会的良心。当个人良心被遮蔽的时候，也是社会之“恶”泛滥、道德责任异化的时候。

艾希曼的自我辩护正是把个人的良心隐藏了，只在社会规则的层面讨论罪恶的问题，这等于是把个人的“恶”归于社会的“恶”。社会作“恶”也可以看作是人人在作恶。既然人人在作恶，也就等于说人人都不是恶人，都不在作恶，或者说都不以自己在作的“恶”为“恶”。艾希曼正是在这样的不以“恶”为“恶”的社会环境中实施其罪行。

按阿伦特的分析，艾希曼的“犯罪”动机很平常，那就是获得升迁。“除了对个人的晋升非常热心外，他根本没有别的动机。”[①] 几乎每一个现代人都有此正常的动机。每个人都想在工作中获得上司的赏识，从而晋升职位，以实现自己的价值与抱负。在这如此平常的动机背后，蕴含着每个现代人都是艾希曼的可能性。这是文明社会中真正可怕的结论，也是人们对现代性的隐忧所在。正如犹太神学家鲁本斯坦（Richard L. Rubenstein）所说："文明意味着奴隶制、战争、剥削和死亡集中营。它同时也意味着医疗卫生、庄严的宗教思想、动人的艺术和优雅的音乐。把文明和野蛮想象成对立面是个错误……创造和毁灭同是我们所谓文明的不可分割的组成部分。”[②] 换言之，现代性的另一面是大屠杀。大屠杀中值得深思的是“平庸的恶”问题，或者说责任的异化与隐匿问题。

在我看来，责任的异化是“平庸的恶”的一个具体表现。它引出两个具体的问题：第一，在现代性的体制下，“平庸的恶”或责任的异化是如何产生的？第二，如何治疗“平庸的恶”或责任的异化这个现代性难题。下面依据鲍曼和列维纳

---

① Hannah Arendt，*Eichmann in Jerusalem*，New York，Penguin Books，1984，p.287.

② 转引自鲍曼：《现代性与大屠杀》，杨渝东等译，译林出版社 2002 年版，第 13 页。

斯的阐释试图从责任伦理思想的角度对这两个问题作些解答。

（二）责任替代与责任漂移

鲍曼对大屠杀的社会学分析接过了阿伦特的上述话题。他在《现代性与大屠杀》（*Modernity and the Holocaust*）一书中从理性计算精神、技术道德问题、社会管理工程等多角度分析现代性的内在品格及其弊病，对阿伦特指出的“平庸的恶”现象作出了深入的理论分析。这里，我们截取其中一个伦理现象即异化的责任现象（鲍曼没有用“责任异化”这个概念，这是我的概括）进行分析，从人与人交往伦理的侧面来透视现代性的隐忧。

鲍曼认为，大屠杀与现代性的关系不是外在，而是内在的。简单说，大屠杀是现代性的一个内在维度。但在现代生活世界中，大屠杀可能显现，也可能不显现。它的显现与否取决于现实社会的环境与时代状况。第二次世界大战时期的德国恰好具备了这样的环境与条件。最重要的是它建立了一套完备的、理性化的现代性制度。这一制度使责任伦理的话语产生了变形。

现代性制度的一个具体表现是技术化和理性化。在一个高度技术化的官僚体制中，责任的发生关联着三个主体因素：行动者、行动者的上司、行动者的对象。这里存在着两种责任的异化现象。按鲍曼的分析，在行动者与其对象之间发生的是以技术责任替代道德责任的异化现象，在行动者与其上司之间发生的是责任漂移的异化现象。这两种反常现象孕育着“平庸的恶”的可能性。

首先让我们来看第一种责任异化现象。

现代技术官僚制度是一个高度分化的制度，人人在各自岗位上各司其职。体制性的细致分工，使当前的行为者和某个行为的最后后果拉开了距离，“他”无法知道这一连串行为的最后结局如何，因此“他”也就不担负对于最终后果的责任。例如，一个钢铁车间的工人对导弹爆炸后果的想象与一个飞行员实施爆炸任务的经验是不同的。前者由于时间和空间上的距离的疏远，而很有可能对爆炸显得漠不关心。而且，这样的想象对前者来说也是多余的。

行动者与其对象之间的距离化又进一步促进行动者的责任意识的转型。在行为者的严格组织化的工作环境中，“他”主要考虑的是如何更有效地、更出色地做好这个工作，而不是这项工作的实际道德后果。按鲍曼的界定，前者属于技术责任的范畴，后者属于道德责任的范畴。现代官僚制度产生的一个直接后果是以技术的责任代替道德的责任。现代工厂中的职工可能更关心技术的有效性而不是行为的道德性。正是在这样一个现代性的责任话语背景下，我们才能理解为什么纳粹会把奥斯维辛集中营中的杀戮看作是一个医学问题、科学问题，而不是一个道德问题。纳粹的专家们思考的技术问题是如何提高集中营内杀人的效率与处理尸体的效率。解决这个技术难题是他们“真正”的责任。在这个技术责任意识的背后，透露出道德责任隐匿的信息与现代性的道德困境：从技术层面看，每个工人都在认真负责；从道德层面看，责任是可以被忽略的。“恶的平庸性”正体现在这里：人人为“恶”而不用担负责任，即不以此为“恶”。

在现代技术官僚制度中，还存在着另一种责任异化现象，即责任的漂移。

例如，工作人员会说，“他”做这个工作是由于“他”的上级要“他”这么做，“他”只是执行上级的命令而已。现在工作中出了问题，责任在上级，不在“我”。“我”只是一个执行者或代理者。这也正是艾希曼为自己辩护的逻辑。

鲍曼指出，在一个技术官僚组织内，几乎人人都可以以此种方式推卸责任，把负责的包袱甩给上司。由此，责任成为一种飘忽不定、不断游移的东西。“这样一种连续不断、处处存在的责任转移所造成的全部后果就将是造成一种自由漂流的责任，也即造成了一种情境，在此情境中，组织中的每个成员都相信，并且在被询问时都会说‘他’是受别人操纵，而被别人指认为是责任承担者的人又会把责任推诿给他人。可以说组织在整体上是一个湮没责任的工具。”[①]责任的转移最后导致的可能结果是无人负责，从而使“平庸的恶”得以蔓延和扩散。在这样的组织框架内，发生诸如屠杀之类的违法犯罪事例自然是应有之义。

从责任异化的现象看，大屠杀是现代性的内在特性。与历史上其他悲剧性事件相比，大屠杀有其独特性，因为这种屠杀是在现代技术官僚制度内进行的，具有技术化和制度化的特点。“正是现代文明化的理性世界让大屠杀变得可以想象。”“正是由于工具理性的精神以及将它制度化的现代官僚体系形式，才使得大屠杀之类的解决方案不仅有了可能，而且格外‘合理’——并大大地增加了它发生的可能性。”[②]在此制度下，每个人都有可能变成艾希曼类型的主体，不以屠杀为“恶”，不担负道德责任，这样，“平庸的恶”得以在社会上蔓延。

（三）为他责任伦理与现代性治疗

如何解决现代性社会中道德责任的隐匿、责任的异化、

---

① 鲍曼：《现代性与大屠杀》，杨渝东等译，译林出版社2002年版，第213—214页。

② 同上书，第18、25页。

大屠杀之类的“平庸的恶”的问题？现代与后现代的思想家们设想了不少可能的解决方案。对于鲍曼而言，他更倾向于当代犹太哲学家列维纳斯（Emmanuel Levinas）的责任伦理学。他认为，列维纳斯提出的为他者负责的责任伦理是治疗现代性弊病的一个较好思路。

在第二次世界大战期间，和列维纳斯一样的犹太人遇到的第一个现实问题是犹太人的生存（生活）问题。这个问题进一步引发了列维纳斯对责任的哲学思辨。在列维纳斯看来，责任首先预示一种生活方式，其次才有责任哲学的可能。因此，责任与哲学的关系也是生活方式与哲学的关系。

列维纳斯论述责任问题有现实的考虑，主要指对犹太人的集中营生活的反思。他对二战的磨难有亲身的经历。他曾以法国士兵的身份被关押在战俘营，他在立陶宛的许多亲人（如父母、兄弟）被纳粹帮凶所杀。因此，列维纳斯对责任伦理学的偏爱不仅出于哲学理论上的兴趣，更主要的是基于对犹太人以至整个人类的现实生活困境的考量。

列维纳斯认为，犹太人的现代生活困境集中展现在奥斯维辛之类的集中营生活上。在集中营中，针对犹太人的灭绝性屠杀不仅体现在身体上和种族上，而且体现精神上和伦理上。从精神层面来看，集中营生活所揭示的象征意义绝不仅限于犹太人，全人类都可以从中吸取深刻的教训。

教训之一在于：这幕惨剧不能仅仅作为极权政治的表现加以谴责，而应该深入挖掘其哲学内涵。从“我与他”的关系来看，正是因为每一个“我”放弃了“我”所承担的对于他人的责任，参与了压迫他人的事业，极权政治和奥斯维辛之类的集中营才有可能存在。极权政治是表象，责任伦理的丧失才是根本的症结。丧失了责任伦理的生活是无意义的生活。大屠杀的出现意味着负责任的生活方式的隐匿。对集中营生活的反思，导向列维纳斯对人与人之间交往关系的哲学思考，导向他对责任伦理问题的关注。他认为，责任是生活中的第一要务。相对于负责任的生活而言，哲学思考永远是第二位。

战争的现实促使列维纳斯从哲学的角度进一步思考残酷现实的文明源头，反思西方文明的问题症结，其中“我与他”之间的责任关系界定是他关注的一个中心哲学问题。我们用列维纳斯的术语来分析大屠杀：纳粹的思路是以“我”为中心，作为主体的“我”拥有绝对的权力和责任，可以主宰、控制一切，可以压制任何非我者（他者），使他者同化、归顺于“我”，一切他者纳入“我”的总体性设计之中，“我”为“我”的总体而不为他者负责。这是主体形而上学思维发展的极致，这种自我负责的哲学必然在政治上结出大屠杀的恶果，人与人的关系类似于霍布斯所说的狼与狼的争斗状态。

走出大屠杀的悲剧必须转换思路：由不负责的生活转向负责的生活，由自我负责的生活转向为他者负责的生活。也正是这段经历和其后对“我与他”责任关系的严肃思考，使他对海德格尔在二战期间的表现非常不满。他指出：“人们可以宽恕许多德国人，但是，有一些德国人很难让人宽恕。海德格尔就是难以让人宽恕的。”① 列维纳斯说：“事实上，我对总体性的批评源于我们无法忘怀的政治经历。”② 这个经历指的正是纳粹的大屠杀。这些话提示我们：基于负责任的生活所产生的伦理形而上学必须走出近现代西方的主体性哲学，重新思考为己的责任与为他的责任之间的关系。

人的现实生存模式是与他人共在。人与他人的关系可以作多种界定。第一，从主客体的视野看，他人成为“我”所支配和控制的客体。“我”拥有绝对的权力处置他人，以实现“我”的目标。这里不存在主体对客体（他人）的责任，存在

---

① 勒维纳斯：《塔木德四讲》，关宝艳译，商务印书馆 2002 年版，第 32 页。

② Emmanuel Levinas，*Ethics and Infinity*，translated by Richard A. Cohen，Dequesne University Press，Pittsburgh，1985，pp.78-79.

的是主体的自我责任。第二，从主体间的视野看，萨特曾提出“他人是地狱”的观念。他人是和“我”一样的主体，是一个“他我”(alter ego)。他人有着和“我”类似的追求、自由和力量。这样，他人的存在等于“我”的限制的出现，构成对“我”的权力的约束，是“我”的“地狱”。这里的“我与他”的关系具有冲突性，很难形成伦理关系。这两种“我与他”的关系是列维纳斯所要反对的。在他看来，源始的“我与他”的关系是伦理性的，渗透着责任关系。

“我与他”之间的基本伦理关系是“我”对他者负责。在一般意义上，他者是弱者。当“我”面对一个弱者的时候，弱者的“脸”(face) 呈现在“我”的面前，给“我”发出道德的命令：“你不可杀人”。面对这样一个来自弱者的命令或请求，“我”无法选择，只有作出伦理的回应。“我”的回应就是为他者负责。这是无条件的。“20 世纪最伟大的道德哲学家列维纳斯告诉我们，道德行为仅仅是由他者的在场引起的，他者是以脸的方式，也就是以一种没有力量的权威 (an authority without force) 的方式在场的。他者向我提出要求，但并不威胁将有惩罚，也不许诺将有奖励；他的要求没有强制力。他者不能做任何事情；准确地说，正是他的这种虚弱将我的力量、我的行动能力展现为责任。顺着这种责任所做的一切就是道德行为。”[①]

同时，“我”所承担的为他的责任是无限的。一方面，“我”为所有的他人负责，可以替代所有人，但是没有一个人可以替代“我”，“我”就像是服侍他人的一个“仆人”。[②]另一方面，“我”为他人负责的过程永远不会完结，“我”一旦完成了当前的责任，新的责任又会出现。正是在这样一个为他人负责的无穷过程中，“我”被建构起一个伦理的主体、一个谦卑的主体、一个懂得敬重他人的主体。“道德责任不得不依赖于其最原始的起源：在本质上对他人的责任。”[③]鲍曼认为，在这样一种原初的“我与他”的关系上建立的社会制度，才有可能是人道的，才有可能治疗技术官僚制度下道德责任退隐的现代性痼疾。

从列维纳斯的“我与他”的关系这个思路来看，大屠杀凸显的正好是自我的责任，而不是为他的责任。前者的出发点是自己，意在标榜和塑造自我；后者的出发点在他人，意

---

① Zygmunt Bauman，*Modernity and the Holocaust*，Ithaca，Cornell University Press，1995，p.214.

② Emmanuel Levinas，*Ethics and Infinity*，Pittsburgh，Dequesne University Press，1985，pp.100-101.

③ 鲍曼：《现代性与大屠杀》，杨渝东等译，译林出版社 2002 年版，第 260 页。

在敬重他者。现代性与大屠杀的关联之一就在于现代性过于突出自我原则。正如另一位犹太裔当代思想家弗洛姆（Erich Fromm）所说，现代人“受极端自我中心和追求自利动机的驱使”。[①] 现代自我原则膨胀的结果是对他者的灭绝，以屠杀他人的代价来求得自我欲望的满足。例如大屠杀的一个支撑理论是带有生物学色彩的种族主义。现代种族主义的思路是把本种族与属于他者的种族区分开来，以牺牲其他种族的方式来纯化、优化本种族，在理论上，这等于是以杀戮他人的方式来换取自己的幸福生活。这是列维纳斯的为他责任伦理学所要批判的。

如果真正践行“我与他”的责任伦理关系，前面提到的技术责任替代道德责任、责任的自由漂移现象就有可能避免。一方面，我们要充分肯定技术责任在现代性制度下的重要性。它关乎工作的效率，是一种重要的岗位职责。技术责任与道德责任可以并行不悖。当两者有冲突的时候，应该坚持后者高于前者的立场。因为道德责任在人与人之间发生，技术责任则在人与物之间发生。从人道主义立场看，人对于物具有道义上的优先性。

---

① 弗洛姆：《逃避自由》，刘林海译，国际文化出版公司2002年版，第81页。

另一方面，如果“我”不是从自我负责出发，而是从为他负责出发，那么，“我”作为行动者就不会把责任推诿给上级或者其他人，相反，“我”应该承担其他人（无论是上级还是下级）的责任。“我”的良心及其道德判断力在此道德实践中被不断重塑，以抗拒现代性制度中责任异化现象。

阿伦特、鲍曼与列维纳斯等思想家提醒我们：在现代性大行其事的时代，人们必须警惕技术责任遮蔽道德责任、责任的游移、“恶”的平庸化此类危险的再度发生。大屠杀在现代性框架下运作，一定意义上可以理解为道德责任意识的异化与缺失，造成“平庸的恶”的泛滥。因此，治疗现代性疾病的一个方案便是唤醒、重构人们的道德责任意识，尤其是为他负责的责任意识，化“平庸的恶”为“平庸的善”（良心、责任、信任等基本的善）。只有当个人承担起为他人的责任的时候，人与人的交往中就多了一份良心，多了一份爱心。当然，这只是预防大屠杀发生的伦理途径，并不是唯一的现实途径。

四、马克思主义：作为纪律与态度的责任

建构新型责任伦理，建设责任社会，需要借鉴马克思主

义的责任思想资源，尤其是中国马克思主义者的责任思想。这里以毛泽东的责任观念为例。

从行为规范、准则的角度界定责任，除了政治责任、法律责任和道德责任之外，还有作为纪律的行为准则，这也可以视为一种责任。当然，责任不仅仅是行为规范或准则，还可以是心理态度、精神状况。在这方面，毛泽东的责任观论述可以作为一个分析的案例：从纪律和态度的角度区分责任概念。毛泽东没有在他的文章中明确作出这样的区分，这个区分是我在梳理毛泽东对“责任”一词的不同使用时归纳出来的。

在文章中，毛泽东对“责任”一词有不同的用法，例如，第一，指工作职责。他说：“领导者的责任，归结起来，主要地是出主意、用干部两件事。”①领导干部的主要工作职责是要有工作思路和用好干部。第二，指对待工作、事业的负责任的态度或精神。第三，指服从纪律的责任。这里对第二、第三种责任的用法作一点介绍。

责任的一个基本含义是指责任规范或责任规则，纪律是一种责任规则，是人必须遵守的底线，带有强制性。毛泽东

① 《毛泽东选集》第二卷，人民出版社 1991 年版，第 527 页。

看重组织纪律在军队建设和党员队伍建设中的重要作用。在井冈山时期，毛泽东对“个人主义”展开批评，在这种批评的背后隐含着强化作为纪律的责任。

毛泽东对“个人主义”有自己的界定，不同于史蒂文·卢克斯等西方哲学家和胡适等中国思想家所说的个人主义，而是特指把个人利益放在群体利益之上的一种理论主张。个人利益的滋长容易导致自我中心主义，不顾及群体的利益和组织纪律。当时红四军内部出现了一些争论。① 毛泽东在《给林彪的信》（1929 年 6 月 14 日）里指出，在红四军内和党内已经形成两个“思想系统”的斗争，思想斗争涉及的问题有十四类。毛泽东把这些争论涉及的最主要问题概括为个人领导和党的领导之间的问题。他认为，在红军建立初期，个人领导作用占据主导，随着群众斗争运动的发展，党的领导作用逐渐加强，个人的作用逐渐减弱，少数人开始“感到从来未有的痛苦”，开始攻击“党太管多了”。②

毛泽东对这种主张个人领导而否定党的领导的做法极为不满。他说：“自近日争论问题发生之后，有的同志觉得四军

① 关于红四军内部的争论过程，参见李小三主编：《让历史告诉现在》，江西人民出版社 2006 年版，第 303—306 页。

② 《毛泽东文集》第一卷，人民出版社 1993 年版，第 65—67 页。

的党到来了一个危机，如果少数同志作的个人主义领导胜利了，那末必至如你的来信所说有一种破坏党的团结一致和不利于革命的前途会要到来。但我相信不致如此的，因为现在的四军的党是比第一、二时期都有显然的进步，各纵队的基础已是不能动摇，个人自私的欲望决定会被群众所拒绝……个人主义与反个人主义的，亦即个人领导和党的领导的斗争，是四军历史问题的总线索。”① 这里所说的“个人主义”有特别的含义，主要指少数人有自私的欲望，主张军队中的个人领导权而否定或部分否定党的领导权。这样，个人对军队的领导权和党对军队的领导权之间的争论变成“个人主义”与反“个人主义”之间的争论，党是否拥有对军队的领导权成为红四军内和党内思想斗争的核心问题。

个人领导权和党的领导权的问题可以从纪律的角度加以理解。加强党的领导权的关键是要加强党的组织纪律性，要让个人服从党的领导，以严格遵守党的组织纪律为责任。个人领导权的问题强调的是个人对个别领导人的命令负责，而不是强调对党的命令和纪律负责。毛泽东在这场争论中反对“个人主义”，实际上是反对在革命活动中突出个人领导权，

① 《毛泽东文集》第一卷，人民出版社 1993 年版，第 68 页。

强调党的纪律，以守纪为自己的责任。三湾改编是加强党的领导权和加强组织纪律性的一个实际步骤。

毛泽东后来撰文批评“自由主义”，在《反对自由主义》（1937年9月7日）一文中列举了十一种恶劣表现，其中第二种“自由主义”的表现是：“不负责任的背后批评，不是积极地向组织建议。当面不说，背后乱说；开会不说，会后乱说。心目中没有集体生活的原则，只有自由放任。”[①]毛泽东所说的“自由主义”大致相当于自由放任主义，工作散漫，无纪律性。这里提到的第二种“自由主义”表现涉及的是关于批评的纪律，有些人不遵守组织内部批评的纪律，口无遮拦，随意扩散组织内部的争论意见，对外发表不负责任的言论。对此，他认为，“自由主义”“是一种腐蚀剂，使团结涣散，关系松懈，工作消极，意见分歧。它使革命队伍失掉严密的组织和纪律，政策不能贯彻到底，党的组织和党所领导的群众发生隔离”。[②]与自由放任相对的是组织纪律，只有加强组织纪律建设，把纪律当作责任，才能克服自由放任的作风。

除了把服从纪律当作责任之外，毛泽东在他的文章中还

---

① 《毛泽东选集》第二卷，人民出版社1991年版，第359页。

② 同上书，第360页。

把责任理解为一种优秀的工作态度或敬业精神，也可称为责任心。

毛泽东在《反对党八股》（1942年2月8日）里批评党八股的八大罪状，其中第六条罪状是“不负责任，到处害人”。他进一步解释，之前提到的党八股的五条罪状（空话连篇，言之无物；装腔作势，借以吓人；无的放矢，不看对象；语言无味，像个瘪三；甲乙丙丁，开中药铺），“一方面是由于幼稚而来，另一方面也是由于责任心不足而来的”。[①] 缺乏责任心是造成党八股弊病的主要缘由。

毛泽东说：“拿洗脸作比方，我们每天都要洗脸，许多人并且不止洗一次，洗完之后还要拿镜子照一照，要调查研究一番，（大笑）生怕有什么不妥当的地方。你们看，这是何等地有责任心呀！我们写文章，做演说，只要像洗脸这样负责，就差不多了。”[②] 每天洗脸说明工作的日常性，一天多次洗脸说明工作的频繁性，洗脸照镜子说明工作的严谨性，毛泽东借此说明负责任的工作态度应该是一种怎样的态度。他把负责精神看作一种积极的工作态度。“所谓发挥积极性，必须具体地表现在领导机关、干部和党员的创造能力，负责精神，工

①② 《毛泽东选集》第三卷，人民出版社1991年版，第840页。

作的活跃，敢于和善于提出问题、发表意见、批评缺点，以及对于领导机关和领导干部从爱护观点出发的监督作用。”① 从这个角度出发，“为人民服务”命题的背后潜台词是为人民负责，更负责任地为人民负责。

在中国历史上，有不少人不肯为人民和国家负责，毛泽东评述伯夷就是这样的人：“唐朝的韩愈写过《伯夷颂》，颂的是一个对自己国家的人民不负责任、开小差逃跑、又反对武王领导的当时的人民解放战争、颇有些‘民主个人主义’思想的伯夷，那是颂错了。”② 伯夷在历史上屡被尊为仁义之士，他弃国君之位而出逃，弃天下如敝屣，他宁可饿死，也不食周粟，表现出“不降其志，不辱其身”的气节。可是，毛泽东认为，伯夷该就位而不就位，不为百姓着眼，不愿挑起治理国家的责任，只顾仁义道德的虚名，这样的人缺乏责任心，缺乏为人民负责的责任心。

在毛泽东看来，白求恩是为人民负责的典范。在白求恩身上展露出来的负责精神，可以从两方面加以论述。

一方面是他的毫不利己、专门利人的精神。毛泽东用责任和热忱来具体诠释这种精神。“白求恩同志毫不利己专门利

---

① 《毛泽东选集》第二卷，人民出版社 1991 年版，第 529 页。

② 《毛泽东选集》第四卷，人民出版社 1991 年版，第 1495—1496 页。

人的精神，表现在他对工作的极端的负责任，对同志对人民的极端的热忱。每个共产党员都要学习他。不少的人对工作不负责任，拈轻怕重，把重担子推给人家，自己挑轻的。一事当前，先替自己打算，然后再替别人打算。”①勇于承担责任、敢于力挑重担是对白求恩负责精神的注解。

另一方面是他的敬业精神，指他尽心竭力地履行医生的岗位责任。“他以医疗为职业，对技术精益求精；在整个八路军医务系统中，他的医术是很高明的。这对于一班见异思迁的人，对于一班鄙薄技术工作以为不足道、以为无出路的人，也是一个极好的教训。”②白求恩在医生的岗位上，对医术的追求精益求精，这是他恪守岗位责任的最好诠释。

负责精神可称为责任心。毛泽东在谈到共产国际解散事件时也说到责任心，认为艰难困苦的环境可能有利于激发人们的责任心，从而创造性地开展工作。他说：“现在共产国际没有了，这就增加了我们的责任心。每个同志都要懂得自己担负了极大的责任。从这种责任心出发，就要发挥共产党人的创造力。……这种长期的艰苦的斗争，正好锻炼我们自己，

---

① 《毛泽东选集》第二卷，人民出版社1991年版，第659—660页。
② 同上书，第660页。

使我们用心地想一想，绝不粗枝大叶，自以为是；使我们认真去掉主观主义、宗派主义以及老一辈的党八股作风，而拿出完全的负责的态度与高度的创造力来。”① 毛泽东把负责态度和创造力并列起来，视眼前的困难为一种担负责任的动力，期望借此开拓工作新局面。

以遵纪守法为责任，这个责任是底线责任，履行此项责任带有一定的被动性。以敬业精神为责任，这个责任实际指的是责任心，履行此项责任出于内在良心和自觉认识的驱动。白求恩精神是此种责任的最佳表达。毛泽东在反对“个人主义”和自由放任主义、强化革命队伍纪律的过程中突出守纪的作用，在推进中国革命工作的过程中突出敬业精神，他把纪律和敬业工作态度视为责任，进而把责任转化为革命话语谱系的一部分，使责任成为现代中国革命叙事的有机部分。

毛泽东对于责任思想的阐发具有特定的历史背景，为此他强调底线责任、为人民负责精神的重要作用。在当代中国社会，这些责任思想是建构新型责任伦理、建设责任社会的宝贵资源。

① 《毛泽东文集》第三卷，人民出版社 1996 年版，第 22 页。

五、责任境界与责任能力[①]

建构新的责任伦理和责任价值话语，需要吸收儒家、犹太、马克思主义等的责任思想资源，融会贯通，推陈出新，增强理论自信和文化自信，推进责任社会建设。

新的责任伦理建设的焦点在于，倡导人们过一种负责任的生活方式，不断提升责任境界，增强责任能力，化责任焦虑为责任自觉。这是我们思考如何化解当代中国社会的责任困境的基本思路。

（一）不断提升责任境界

如果我们注意一下汉语的词汇，发现汉语中有不少词语表达责任的意思，如义务、本分、本务、负担、职责、职守、职分、天职、使命，这说明在汉语世界中，人们对责任的分类有一定的自觉，汉语对于责任多重意义的表述相当精细。冯友兰提到，一个有道德的人必须在社会中尽伦和尽职。[②]王庆节

① 本节的相关内容，可参见顾红亮:《梁漱溟的责任观与责任的层级》，《天津社会科学》2014 年第 5 期;《化责任之知为责任之行与责任之德》，《文汇报》2011 年 11 月 26 日。

② 参见冯友兰:《新原人》，载《三松堂全集》第 4 卷，河南人民出版社 2001 年版，第 546 页。

在汉语语境里对道德责任和道德本分两个概念作了区分，①这些区分很有意义，但是还较为简单。根据主体的道德认识和实践程度，我们大致把责任分成四个层级，一为义务，二为本分，三为责任，四为使命，使我们更好地把握责任境界的不同层级。

第一层，义务。

义务属于道德的底线，在形式上常常表现为“不许”、“不可”的道德义务，如不可偷盗，不可杀人等义务，它在社会习俗、惯例、社会舆论中体现出来，有些内容与法律规定的义务交叉，有些内容高于法律义务，这些底线的道德要求构成了社会的道德基础。人们遵守这些义务带有一定的外在性、强制性和不自觉性，常出于外在力量的要求，而非出于内在的意愿。

第二层，本分或本务。

本分或本务也是一种道德义务，指不得不为的道德责任。蔡元培在《中学修身教科书》中专门讨论过本务一词，把它理解为人生修身过程中需要遵循的道德义务。②与底线道德义

---

① 参见王庆节：《伦理道义的存在论基础与子女孝养父母的道德本分》，《哲学研究》2003 年第 10 期。

② 参见蔡元培：《中学修身教科书》，《蔡元培全集》第 2 卷，浙江教育出版社 1997 年版，第 161—164 页。

务相比，本分带有更多主体主动认知的成分，体现出理性对于所要履行的本分有相当的认识，因此，履行道德本分带有一定的自觉性。

在不同的社会领域有不同的本分或本务。在人生领域，人的本分指人对于人生的意义和目的把握之后对人生责任的一个自觉认识。在职业的领域，职业的本分可称为职分或职责，属于职业的道德要求。人在社会生活中从事各种职业或行业，这些职业和行业或多或少有一些特殊的职业或行业道德要求，这些要求可称为职业或行业的本分或本务。

第三层，责任。

责任这个词有多重意思。其一，可指分内应该承担的义务，如上文所说的本分。其二，可指为某事或某行为承担责任，尤其指没有做好分内的事或对某事不作为而承担相应的责任。这一层意思应该包含在本分、本务之内。其三，可指作为道德良心和德性的责任。这是我们在这里所关注的意思。

如果说本分的实践更多诉诸人的理性认识，那么责任的实践更多诉诸人的意志的决断和情感的体认，诉诸道德的内驱力。当责任内化为良心的一部分的时候，它就成为责任心。当责任心外化于人的行动的时候，它就成为道德责任，成为道德行为的驱动力。弗洛姆说：“今天人们常常把责任理解为义务，是某种从外部强加而来的东西。但是，责任就其真正的意义来说，是一个完全自愿的行为；责任是我对另一个生命表达出来或尚未表达出来的需要的响应。'负责任'就意味着有能力并准备对这些需求予以响应（respond）。"[①] 这个时候的责任出于自觉自愿。

第四层，使命或天职。

相对于普通的责任，使命是崇高的、远大的责任，指人对于世界、天下的责任关怀。在某种意义上它是超责任的，具有宗教性。使命常常以理想和信念形式出现，以某种责任为己任。人有了真正的使命，会锲而不舍、持之以恒地加以实践，有的人还甘愿为此献身。

在社会各个领域，需要鼓励人们不断把责任感提升为使命感。传统的儒家试图通过道德教化，把外在的责任规范内化为责任感和使命感，最终转化为道德良心。在我们看来，使命感是更高层次的责任感。责任感源自心中的内驱力而尽其之责，使命感源于人生神圣的理想而毕其生、舍其命地去追求。

化责任之知为责任之行的最终目标，是要培养有使命感的责任人格，使每个人成为自觉自愿的责任主体，此时责任

---

① 弗洛姆：《爱的艺术》，赵正国译，国际文化出版公司 2004 年版，第 32—33 页。

成为内在的德性。中国历史上不乏这样的先贤。范仲淹怀揣神圣的使命写就并实践了“先天下之忧而忧、后天下之乐而乐”的追求；孔子历 14 年之久周游列国，在礼崩乐坏中颠沛流离，坚守使命传播儒家政治思想。

因此，比道德责任感缺失更可怕的是使命感的缺失。缺乏使命感的支撑，责任人格的培养也成了无源之水无本之木。尽管当代人的使命已经不同于范仲淹、顾宪成、林则徐的使命，但是当代人依然需要使命感的滋润。一位北大硕士生毕业 4 年，在全国 8 个省份建了 13 个乡村图书馆，他的使命是振兴乡村教育；湖南某小学女教师业余时间上大街捡垃圾，坚持了十多年，她的使命是宣传环保理念。这些故事平常却不平凡，因为身后有某种使命感在支撑。

我们在此对责任层级进行区分的主要依据是道德主体对责任的认识和实践程度，这个区分具有相对的意义，不同层级的责任之间没有一条十分清晰的界线。

例如，子女对父母的孝有不同的程度，有的子女只给父母赡养费，平时不打电话，不去探望父母，之所以给赡养费，是迫于舆论或习俗的压力，如果这也算是尽孝的话，那么这是低层次的尽孝，是尽孝的义务。

有的子女认识到尽孝的道理，不仅给父母赡养费，而且照料父母的日常起居，如给父母做饭，陪父母逛街等，但是他这样做是不情愿的，所以有时也会给父母不太好的脸色看，这样的尽孝只是尽了孝之本分。

有的子女细心照料父母的生活，和颜悦色，尽心尽力，这样的尽孝是程度较高的尽孝，是尽孝之责任。从这个例子可见，责任的认识和实践有不同的层级或境界，如果依照一定的道德实践，责任的境界可得到提升，这个看法为责任人格的修养和生长提供了可能性。

从责任的层级又引出责任人格和责任境界话题。在古代，圣贤或者醇儒是儒家设想的理想人格，到了近现代，圣贤的人格形象受到冲击，豪杰、新民、新青年成为许多近现代知识分子的人生理想。按照冯契的中国近现代哲学史的叙述，近现代中国的知识分子在对人生理想和理想人格的讨论中，逐渐形成了一个共识，那就是把平民化的自由人格而不是古代的圣贤人格看作新人格，这是中国近现代哲学发展出来的一个主要成果。①

我们在现代新儒家梁漱溟的儒学里看到，梁漱溟固然也谈到自由，但是在对人格的设计上，他把责任看作主要

① 冯契：《中国近代哲学的革命进程》，《冯契文集》第7卷，华东师范大学出版社1997年版，第701—703页。

的人格品格。责任人格成为他设想的人格理想。梁漱溟对责任人格的设想显现出对平民化自由人格理想的偏离。这个偏离提醒我们，在我们讨论近现代中国的理想人格话题时，不能只关注自由人格的思想，而忽视责任人格的思想，不能只关注自由境界的话题，而忽视责任境界、责任意识的话题。

（二）不断增强责任能力

责任能力有多种形态，有责任认知的能力，有责任践履的能力，有责任担当的能力。

前面提到对责任境界层级的区分、对责任人格话题的关注，都需要有相应的责任认知能力。在责任认知能力中，一个基本的能力是对责任内涵的辨识能力。例如，在国际交往中，我们需要对“负责任大国”这样的国际性话语有一个合宜的辨识。

在外交场合，“负责任的大国”一词成为近年来领导人经常使用的概念，在对外宣传中，中国正展示出一个负责任大国的形象。“责任大国”成为中国在国际舞台上树立自己的大国形象的一个自我定位。“负责任”成为修辞当代中国的一个极佳形容词。

从责任意识来看，所谓“责任大国”至少包含两方面的内涵：一方面，中国承担着大国之为大国的道德责任。例如，我们力所能及地、不附加任何条件地援助非洲，帮助非洲人民修筑公路，建造桥梁，开办企业，改善民生。另一方面，在国际事务中，中国又承担着大国的岗位责任。例如，中国是联合国安理会的常任理事国，必须履行常任理事国的相应职责。维护世界的和平、反对霸权主义是中国的责任。又如，中国加入世贸组织后，有责任遵守世贸组织的游戏规则，按规则办事是每一个成员的岗位职责，中国也不例外。

我们区分责任境界的不同层级，澄清负责任大国的含义，都还属于责任之知，责任的真正含义在于负责任的实践，即责任之行。普通的公民如何在日常生活中切实推进负责任的实践，落实负责任的生活方式?

在把责任之知转化为责任之行的过程中，责任担当能力是必备的，它包括责任判断能力和践行能力等。责任判断能力表现为对责任担当的分析、推论、预测、决断等活动的统一，责任践行能力体现为在不同的环境中能否有效实施责任和被课以相应责任的能力，这两种能力都体现了责任主体的综合素质，常常以专业技能、职业素质和生活经验为前提，而且相辅相成。

比如，我在大街上看到一位由于心脏病骤发而倒地的病人，如果此时我有合理的责任判断能力和基本的医学常识，那么我就能快速作出救人的判断，并付诸实施，如给病人做人工呼吸，或者呼叫120，对挽救病人作出正面影响。

再比如，医生大多有治病救人的良好意愿，但因为医术不高明或经验不丰富，可能作出错误的诊断，导致病情延误甚至酿成大祸。

在当今的信息社会，新知识新技术层出不穷，如果我们在生活和工作中缺乏责任判断能力，缺乏责任践行能力，那么我们就无法担当起相应的道德责任和岗位责任，将造成事与愿违的后果。

提升责任境界，增强责任能力，直面责任焦虑，化解责任危机，需要有一种责任自觉。从义务、本分、责任到使命的境界提升，体现责任自觉。从责任之知到责任之行的转化，增强责任能力，同样体现责任自觉。由责任境界、责任能力走向责任自觉，是我们对未来中国人和中国社会的期盼。

正如宗白华所说："原来人生的价值，就在于努力实现那超越个人利益和生命以上的各种责任。人对于自己，对于家庭、国家、全人类都负有各种义务，一以报答全人类文化成就对于我们的恩惠，一以企图实现人道的圆满和进步。”[①] 人生的价值在于实现超越个人利益以上的种种责任，这才是对于人生价值和人生责任的觉悟。

让大家过一种真正负责任的生活。

---

① 宗白华：《序》，载韩仁编著：《责任观念与现代国民》，正中书局1940年版。

后　记

对责任话题的研究兴趣和我学习希伯来文化的经历有关。我在以色列 Bar-Ilan University 作博士后访问期间（2003—2004 年），在 Ephraim Meir 教授指导下，学习犹太哲学史，深切体会到在犹太人生活世界中责任伦理的重要性，由此萌发了研究中国责任思想的想法。回国后，逐渐形成“现代中国的责任思想研究”课题框架。

在翻阅资料过程中，发现责任是一个颇有理论内涵的概念。在中文里，与责任的意义相近的词语有几个，如义务、本务、本分、分内、使命、职责、职守、担当、负担等。从内涵上看，责任有道德的含义，如尽孝的义务；有法律的含义，如纳税的义务。从道德含义上看，责任既可指道德义务，也可指道德责任能力，也可指作为美德、品格、境界的责任。从为谁负责的角度看，有为己的责任，有为他的责任，有为社会的责任。责任意蕴丰富，待开发挖掘。

官方文献多次使用与责任概念相关的术语。改革开放初期，农村推行家庭联产承包责任制。在生态文明建设方面，全国实行生态环境损害责任终身追究制。在全面从严治党方面，全党推行党风廉政建设责任制和领导干部问责制。在应对气候变化这一全球性环境问题上，国际社会遵循“共同而有区别的责任”原则。在对外形象展示上，中国是一个负责任的大国。在现实生活中，责任元素无处不在。负责任的实践已经成为治国理政的应有之义。结合中国的传统责任思想资源，结合当代中国的负责任的实践经验，持续推进责任思想的深入研究，是一个值得探究的课题。

本书的内容是“现代中国的责任思想研究”课题的阶段性成果。该课题得到教育部人文社会科学重点研究基地（华东师范大学中国现代思想文化研究所）重大项目（2009JJD770017）的资助。

本书的部分研究成果发表在《哲学门》《华东师范大学学报》《文汇报》《探索与争鸣》《河北学刊》《天津社会科学》《新史学》等报刊杂志上，还在文汇讲堂“社科新人季”上展示过；本书第二章（责任何时呈现焦虑症状）的构思与写作，得到美国伊利诺伊大学傅葆石（Poshek Fu）教授、香港浸会大学叶月瑜（Emilie Yueh-yu Yeh）教授等的指导，特致谢意。

在写作过程中，得到国家留学基金管理委员会、上海人民出版社、上海东方青年学社、上海社科创新基地等的支持，得到华东师范大学哲学系、马克思主义学院、社科处、宣传部等的帮助，心存感激。

顾红亮

2017 年 3 月 22 日于北京京西宾馆

图书在版编目(CIP)数据

论责任/顾红亮著.—上海:上海人民出版社,
2017
ISBN 978-7-208-14328-9

Ⅰ.①论… Ⅱ.①顾… Ⅲ.①责任感-研究 Ⅳ.
①B822.9

中国版本图书馆 CIP 数据核字(2017)第 029309 号

责任编辑 吕桂萍
封面设计 零创意文化

论 责 任
顾红亮 著
世 纪 出 版 集 团
上海人民出版社出版
(200001 上海福建中路 193 号 www.ewen.co)
世纪出版集团发行中心发行 常熟市新骅印刷有限公司印刷
开本 787×1092 1/32 印张 5.5 插页 2 字数 86,000
2017 年 5 月第 1 版 2017 年 5 月第 1 次印刷
ISBN 978-7-208-14328-9/D·2989
定价 28.00 元